发明

文化百科

古代四大发明

牛 月 编著 胡元斌 丛书主编

汕头大学出版社

图书在版编目（CIP）数据

发明：古代四大发明 / 牛月编著. -- 汕头：汕头
大学出版社，2015.2 （2020.1重印）
（中国文化百科 / 胡元斌主编）
ISBN 978-7-5658-1617-8

Ⅰ．①发… Ⅱ．①牛… Ⅲ．①技术史－中国－古代
Ⅳ．①N092

中国版本图书馆CIP数据核字(2015)第020769号

发明：古代四大发明　　　　　　　　　　FAMING：GUDAI SIDA FAMING

编　　著：牛　月
丛书主编：胡元斌
责任编辑：宋倩倩
封面设计：大华文苑
责任技编：黄东生
出版发行：汕头大学出版社
　　　　　广东省汕头市大学路243号汕头大学校园内　邮政编码：515063
电　　话：0754-82904613
印　　刷：三河市燕春印务有限公司
开　　本：700mm×1000mm　1/16
印　　张：7
字　　数：50千字
版　　次：2015年2月第1版
印　　次：2020年1月第2次印刷
定　　价：29.80元
ISBN 978-7-5658-1617-8

前　言

　　中华文化也叫华夏文化、华夏文明，是中国各民族文化的总称，是中华文明在发展过程中汇集而成的一种反映民族特质和风貌的民族文化，是中华民族历史上各种物态文化、精神文化、行为文化等方面的总体表现。

　　中华文化是居住在中国地域内的中华民族及其祖先所创造的、为中华民族世世代代所继承发展的、具有鲜明民族特色而内涵博大精深的传统优良文化，历史十分悠久，流传非常广泛，在世界上拥有巨大的影响。

　　中华文化源远流长，最直接的源头是黄河文化与长江文化，这两大文化浪涛经过千百年冲刷洗礼和不断交流、融合以及沉淀，最终形成了求同存异、兼收并蓄的中华文化。千百年来，中华文化薪火相传，一脉相承，是世界上唯一五千年绵延不绝从没中断的古老文化，并始终充满了生机与活力，这充分展现了中华文化顽强的生命力。

　　中华文化的顽强生命力，已经深深熔铸到我们的创造力和凝聚力中，是我们民族的基因。中华民族的精神，也已深深植根于绵延数千年的优秀文化传统之中，是我们的精神家园。总之，中国文化博大精深，是中华各族人民五千年来创造、传承下来的物质文明和精神文明的总和，其内容包罗万象，浩若星汉，具有很强文化纵深，蕴含丰富宝藏。

　　中华文化主要包括文明悠久的历史形态、持续发展的古代经济、特色鲜明的书法绘画、美轮美奂的古典工艺、异彩纷呈的文学艺术、欢乐祥和的歌舞娱乐、独具特色的语言文字、匠心独运的国宝器物、辉煌灿烂的科技发明、得天独厚的壮丽河山，等等，充分显示了中华民族厚重的文化底蕴和强大的民族凝聚力，风华独具，自成一体，规模宏大，底蕴悠远，具有永恒的生命力和传世价值。

在新的世纪，我们要实现中华民族的复兴，首先就要继承和发展五千年来优秀的、光明的、先进的、科学的、文明的和令人自豪的文化遗产，融合古今中外一切文化精华，构建具有中国特色的现代民族文化，向世界和未来展示中华民族的文化力量、文化价值、文化形态与文化风采，实现我们伟大的"中国梦"。

习近平总书记说："中华文化源远流长，积淀着中华民族最深层的精神追求，代表着中华民族独特的精神标识，为中华民族生生不息、发展壮大提供了丰厚滋养。中华传统美德是中华文化精髓，蕴含着丰富的思想道德资源。不忘本来才能开辟未来，善于继承才能更好创新。对历史文化特别是先人传承下来的价值理念和道德规范，要坚持古为今用、推陈出新，有鉴别地加以对待，有扬弃地予以继承，努力用中华民族创造的一切精神财富来以文化人、以文育人。"

为此，在有关部门和专家指导下，我们收集整理了大量古今资料和最新研究成果，特别编撰了本套《中国文化百科》。本套书包括了中国文化的各个方面，充分显示了中华民族厚重文化底蕴和强大民族凝聚力，具有极强的系统性、广博性和规模性。

本套作品根据中华文化形态的结构模式，共分为10套，每套冠以具有丰富内涵的套书名。再以归类细分的形式或约定俗成的说法，每套分为10册，每册冠以别具深意的主标题书名和明确直观的副标题书名。每套自成体系，每册相互补充，横向开拓，纵向深入，全景式反映了整个中华文化的博大规模，凝聚性体现了整个中华文化的厚重精深，可以说是全面展现中华文化的大博览。因此，非常适合广大读者阅读和珍藏，也非常适合各级图书馆装备和陈列。

目 录

造纸术

印刷术

指南针

黑火药

造纸

　　有了文字之后，最重要的就是要有一个很好的载体。在造纸术发明以前，甲骨、竹简和绢帛是我国古代用来供书写的材料。

　　西汉时期，轻便廉价的书写工具纸被发明出来了。纸是我国古代的四大发明之一，与指南针、火药、印刷术一起，给我国古代文化的繁荣提供了物质技术基础。

　　造纸是一项重要的化学工艺，纸的发明是我国在人类文化的传播和发展上所作出的一项十分宝贵的贡献，是我国的一项重大的成就，对人类文明也产生了重要的影响，被誉为"人类文明之母"。

我国最早的纸张

我国最早的纸在考古发掘中已有发现，表明早期造纸术源于生产实践。如发现有植物纤维纸，丝绵做成的薄纸，还有通过蚕丝加工时的漂絮法得到的丝片等。

早期纸原料及制作方法是我国古代造纸术的重要开端，影响深远，标志着我国造纸技术走向成熟。

纸的出现促进了各民族之间的文化交流，是劳动人民长期经验的积累和智慧的结晶。

在西汉末年，赵飞燕姐妹两人都被召入了后宫，得到了汉成帝刘骜的宠幸，一个当了皇后，一个当了昭仪。宫中有个女官叫曹伟能，生了一个孩子，按说应该是皇子。

赵昭仪知道了，就派人把伟能的孩子扔掉了，并把伟能监禁了起来，还给她一个绿色的小匣子，里面是用"赫蹄"包着的两粒毒药，就这样，伟能被逼服毒而死。这张包着药还写上字的"赫蹄"，东汉时期著作家应邵解释说，它是一种用丝绵做成的薄纸。

原来在西汉时，我国已经能制作丝绵了，方法是把蚕茧煮过以后，放在竹席之上，再把竹席浸在河水里，将丝绵冲洗打烂。丝绵做成以后，从席子上拿下来，席子上常常还残留着一层丝绵。

等席子晒干了，这层丝绵就变成了一张张薄薄的丝绵片，剥下来就可以在上面写字了。这种薄片就是"赫蹄"，也就是丝绵纸。

后来，在陕西西安东郊灞桥砖瓦厂附近发现了一座西汉古墓，墓中发现了数张包裹着铜镜的暗黄色纤维状残片。考古工作者细心地把黏附在铜镜上的纸剥下来，大大小小共有80多片，其中最大的一片长宽各约0.1米。

后来经过化验分析，原料主要是大麻，掺有少量苎麻。在显微镜

下观察，纸中纤维长度1毫米左右，绝大部分纤维做不规则的异向排列，有明显被切断、打溃的帚化纤维。这说明纸张在制造过程中经历过被切断、蒸煮、舂捣及抄造等处理。

根据这一发现，考古学家认定，这就是西汉时期麻类纤维纸，并将其命名为"灞桥纸"。灞桥纸色暗黄，后陈列在陕西历史博物馆。

灞桥纸虽然质地还比较粗糙，表面也不够平滑，但无疑是最早的以植物纤维为原料的纸。这是迄今所见最早的纸片，它说明我国古代的造纸术，至少可以上溯至公元前1至2世纪。这一发现，在世界文化史上具有重大的意义。

灞桥纸发现后，后来又有了新的发现。在陕西扶风中颜村发现了一个残破的陶罐，里面有一些铜器，后通过清理，发现陶罐里装的都是些西汉时期做装饰的铜饰件，还有一些西汉时期通用的铜钱。

在清理过程中发现，有3个与一个铜饰件锈在一起的东西。其中锈在一起的铜钱，没想到里面的东西是一团黄颜色的纸状物，展开以后，共有3块。这些纸状物是做什么用的呢？原来，铜饰件分底座和盖子两部分，而盖口并不平，将纸状物塞入其中便可使盖子平整地盖在上面。也正是由于铜饰件两部分的密封，才使得纸状物得到了很好保护，从而完好地保存了下来。

后经鉴定，这几块纸状物完全符合纸的特征，是名副其实的纸。后经过断代研究，发现出土的铜饰件都是西汉时期以前非常流行的装饰物，而西汉时期以后却使用得很少，而这些铜钱也是在西汉时流通的。

更为重要的是，装这些东西的陶罐也是西汉时期的，如果这些文物是后人装进去的，不可能找来一个西汉时期的陶罐来装。如果确定这些文物是从西汉时期保存下来的，那么被密封在铜盖里的纸肯定也是西汉时期的纸。

通过初步判定，这些纸是西汉早期的纸。虽然这些纸与现代纸相比显得比较粗糙，但是它比灞桥纸无论从工艺水平和制作质量来看，要成熟得多，已经非常接近现代生产的纸了。后来将从扶风出土的古纸依据出土的地名，定名为"中颜纸"。

后经鉴定，这几张纸是西汉时期汉玄帝和汉平帝之间的物品。由于纸是作为衬垫物在锈死的铜饰件里面发现的，隔绝了外部环境的破坏，具备了长期保存下来的条件。

这次的发现学界普遍认为，关于造纸术的发明时间可以从后来蔡伦造纸向前推进100年至300年。事实上，如果从纸的原料上考察，我国造纸的历史更为久远。

那是在上古时代，我们的祖先主要依靠结绳记事，以后渐渐发明了文字，开始用甲骨来作为书写材料。后来又发现和利用竹片和木片作为书写材料。但由于竹木太笨重，书写材料又有了新的发现。

我国是最早养蚕织丝的国家。

从远古以来，我国人民就已经懂得养蚕和缫丝了。古人以上等蚕茧抽丝织绸，剩下的恶茧和病茧等则用漂絮法制取丝绵。

漂絮完毕，篾席上会遗留一些残絮。当漂絮的次数多了，篾席上的残絮便积成一层纤维薄片，经晾干之后剥离下来就可用于书写了。

这种处理次茧的方法称为漂絮法，操作时的基本要点是反复捶打，以捣碎蚕衣。这表明了我国造纸术的起源同丝絮有着深刻的渊源关系。这一技术后来发展成为了造纸中的打浆。

特别是在西汉初年，政治稳定，思想文化十分活跃，对传播工具的需求十分旺盛，除了丝绵纸外，麻类植物纤维造纸作为新的书写材料应运而生。当时人工造纸，先取质量柔韧的植物类纤维，煮沸捣烂，和成黏液做成薄膜，稍干后用重物压之即成。

此外，我国古代还用石灰水或草木灰水为丝麻脱胶，这种技术给造纸中为植物纤维脱胶以启示。纸张就是借助这些技术发展起来的。

拓展阅读

我国古代字画的物质载体大体上经历了陶土、甲骨、金石、竹木、缣帛、纸张几个阶段。每一种载体的材料和形式都有变化，其中影响至今的西汉时期纸张有2000多年历史。

汉代是我国书画用具发展史上具有标志性意义的时期，因为笔、墨、砚等书画用具虽然起源于先秦时期，但至汉代时期才由于纸的发明，开启了我国书画载体的转变之路，从而导致这些书画用具开始朝着适应纸质的技术方面改进，并形成了以"文房四宝"为核心的书画用具体系，影响至今。

蔡伦改进造纸术

在古代，人们书写多用竹和帛。由于简牍笨重，缣帛昂贵，不适合老百姓用来记载文字，于是，人们就一直在寻找新的书写材料。

东汉时期的蔡伦用树皮、废麻、破布和旧渔网等原料制造出了一批纸，人们称为"蔡侯纸"。蔡侯纸的出现，使人类跨进了一个崭新的世界，标志着纸张正式开始代替竹和帛。

我国纸张原材料的发明虽然很早，但并没有得到广泛的应用，那时官府文书仍是用简牍、缣帛书写的，严重制约了文化的传播与发展。

到了东汉时期，造纸技术有了较大的发展，才结束了古代简牍繁复的历史，大大地促进了我国古代文化的传播与发展。

那是汉明帝刘庄62年，在湖南的耒阳，有一个普通农民的家庭，出生了一个小男孩，父母给他取名叫蔡伦。蔡伦从小随父辈种田，但他聪明伶俐，很会讨人喜欢。

汉章帝刘旭继位后，常到各郡县挑选幼童入宫。75年，蔡伦被选入洛阳宫内为太监，当时他15岁。蔡伦读书识字，成绩优异，于入宫第二年任小黄门，后升为黄门侍郎，掌管宫内外公事传达及引导诸王朝见、安排就座等事。再后来，蔡伦被提拔为中常侍，随侍幼帝左右，参与国家机密大事，地位与九卿等同。

汉和帝的皇后邓绥喜欢舞文弄墨，蔡伦兼任尚方令，主管宫内御用器物和宫廷御用手工作坊。他在任职期间，利用供职之便，常到乡间作坊察看。

103年，京师洛阳一连下了半月的大雨，大雨刚过蔡伦就去民间探访，这一次他来到了洛阳城外的洛河附近的猴氏镇，向当地的工匠讨教一些技艺。

蔡伦在路过洛河边的时候，有好几棵大树腐烂倒地，树上还缠绕着一些破渔网，而在这些破树上，他惊奇地发现了一层和以前的纸"赫蹄"很相似的东西。他拿着这种东西向当地的村民求教。

当地的村民告诉他，这3年来京师年年下大雨，导致洛河水位上升，河边的一些树全部浸泡在河水里腐烂，过了几个月树上就会自然形成这种东西。

难道这是树皮形成的东西？蔡伦忽然意识到这也许就是他苦苦寻找了数年的东西！于是蔡伦就在洛河边搭建了一个临时的作坊，用树皮开始了他的实验。

为了模拟树皮腐烂的方式，蔡伦在洛河边上修了一个小池子，引入洛河之水，将树皮投入池中浸泡；为了模拟树皮日晒雨淋的方式，他又将树皮放在太阳地上暴晒。经过这两道工序后，树皮变得脆弱，然后，用石臼将树皮捣成浆，又做成纸。

蔡伦并没有因此而沾沾自喜，因为他发现这种纸里面有一些细小的杂质存在，用手在纸上抚摸有明显凹凸感。如何去掉这种杂质呢？他忽然想起了制剑时淬火的工艺，这就是蒸煮。

于是，蔡伦在造纸的流程中首创了蒸煮的方法。这一次所造出的纸让蔡伦欣喜若狂，这种纸不但成本低，而且洁白，轻硬，原料普遍。看着自己多年的追寻终于有了成果，蔡伦激动万分。

激动之余，蔡伦又想，麻的材料也很普遍，

自己的造纸工艺能否改良粗糙的麻纸呢?

有一天,蔡伦经过河边,看到妇女洗蚕丝和抽蚕丝的"漂絮"过程。他发现,好的蚕丝拿走后,剩下的破乱蚕丝,会在席上形成薄薄的一层,而这一层晒干后,可用来糊窗户、包东西,也可以用来写字。

这给了蔡伦很大的启示,于是他又开始找来了破麻衣和破渔网进行实验。最后发现用麻所做的纸虽然不如用树皮的洁白,有些微黄,但是比起原来的麻纸几乎是天壤之别。

蔡伦将自己的造纸工艺流程记录成册,并将自己制造出的纸进献给了汉和帝。

汉和帝提笔书写,看着自己的书写材料竟然是树皮造出来的,觉得非常新奇,于是在蔡伦的带领下参观了洛河边上的造纸坊。当得知蔡伦是因为看到自己日夜阅读竹简而造纸时,汉和帝十分感动,于是下令全国推广。人们把这种纸称为"蔡侯纸"。蔡伦纸的主要原料有檀木、莀花、菠萝叶、草木灰、竹子、马拉巴栗树糊等。

制作步骤是:

先取檀木,莀花等树皮,捣碎,加入草木灰等蒸煮;再将蒸煮过的树皮原料,放于向阳山上,日晒雨淋,不断翻覆,让树皮自然变白;将树皮原料等碾碎,浸泡,发酵,打浆,加入树糊调和成浆;然后用抄纸器将捣好的纸浆,抄成纸张;将抄好后纸张,置于阳光晒干。

蔡伦组织并推广了高级麻纸的生产和精工细作，促进了造纸术的发展，促进皮纸生产在东汉时期创始并发展兴旺。同时，由于他受命负责内廷所藏经传的校订和抄写工作，从而形成了大规模用纸高潮，

使纸本书籍成为传播文化的最有力工具。

根据文献记载，东汉时期还用树皮纤维造纸。东汉时期造纸能手左伯，在麻纸技术的基础上，造出来的纸厚薄均匀，质地细密，色泽鲜明。当时人们称这种纸为"左伯纸"，或称"子邑纸"。

左伯是东汉时期有名的学者和书法家。他在精研书法的实践中，感到蔡侯纸质量还可以进一步提高，就与当时的学者毛弘等人一起研究西汉以来的造纸技艺，总结蔡伦造纸的经验，改进造纸工艺。

左伯造纸同是用树皮、麻头、碎布等为原料，用新工艺造的纸，适于书写，使用价值更高，深受当时文人的欢迎。左伯纸与张芝笔、韦诞墨在当时被并称为文房"三大名品"。

树皮纸的出现，是东汉时期造纸技术史上一项重要的技术革命。它为纸的制造开辟了一个新的更广泛的原料来源，促进了纸的产量和质量的提升。

古代造纸术经过蔡伦的改进，形成一套较为定型的造纸工艺流程，其过程大致可归纳为原料的分离、打浆、抄造和干燥4个步骤。

原料的分离，就是用沤浸或蒸煮的方法让原料在碱液中脱胶，并分散成纤维状；

打浆，就是用切割和捶捣的方法切断纤维，并使纤维帚化，而成为纸浆；

抄造，即把纸浆渗水制成浆液，然后用捞纸器即篾席捞浆，使纸浆在捞纸器上交织成薄片状的湿纸；

干燥，即把湿纸晒干或晾干，揭下就成为纸张。

汉代以后，虽然工艺不断完善和成熟，但这4个步骤基本上没有变化，即使在现代，在湿法造纸生产中，其生产工艺与我国古代造纸法仍没有根本区别。

总之，汉代造纸术是我国古代科学技术的四大发明之一，是中华民族对世界文明作出的一项十分宝贵的贡献，大大促进了世界科学文化的传播和交流，深刻地影响着世界历史的进程。

拓展阅读

蔡伦墓祠位于陕西省洋县城东8000米的龙亭镇龙亭村，人们常到这里祭拜伟大的蔡伦。

墓祠分为南北两部分，墓区居北，其南为祠。祠的中轴线上由南而北依次为山门、拜殿、献殿。正殿大门上高悬有唐德宗的御书"蔡侯祠"匾额。殿中有蔡伦塑像。右侧壁上绘有"蔡伦纸"制作工艺流程图，左侧壁上绘有蔡伦于114年封为龙亭侯的谢恩图壁画。在蔡伦祠中轴线两侧还有钟楼、鼓楼、戏楼等古建筑和近代书法名家于佑仁为蔡伦墓祠所题草书真迹。

隋唐五代的造纸术

隋唐五代时期，是我国造纸术的进一步发展阶段，造纸原料开始向多元化迈进，造纸工艺取得了更大的发展，造纸技术也出现了新的发展。

在改善纸浆性能、改革造纸设备等方面取得一些进步，可造出更大幅面的佳纸，满足了书画艺术的特殊要求，纸的加工更加考究，出现了一些名贵的加工纸而载入史册，并为后世效法。

隋唐五代时期，我国除麻纸、楮皮纸、桑皮纸、藤纸外，还出现了檀皮纸、瑞香皮纸、稻麦秸纸和新式的竹纸，另外，竹纸也在这时初露头角。

薛涛是唐代女诗人，一生酷爱红色，她常常穿着红色的衣裳在成都浣花溪边流连，随处可寻的红色芙蓉花常常映入她的眼帘，于是制作红色笺纸的创意进入她的脑海。

薛涛用毛笔或毛刷把小纸涂上红色的鸡冠花、荷花及不知名的红花，将花瓣捣成泥再加清水，经反复实验，从红花中得到染料，并加进一些胶质调匀，涂在纸上，一遍一遍地使颜色均匀涂抹。

再以书夹湿纸，用吸水麻纸附贴色纸，再一张张叠压成摞，压平阴干。由此解决了外观不匀和一次制作多张色纸的问题。为了变花样，还将小花瓣撒在小笺上，制成了红色的彩笺。

薛涛用自己设计的小彩笺，和当时著名诗人元稹、白居易、张籍、王建、刘禹锡、杜牧、张祜等人都有应酬交往。

薛涛使用的涂刷加工制作色纸的方法，与传统的浸渍方法相比，有省料、加工方便、生产成本低之特点，类似现代的涂布加工工艺。

薛涛名笺有10种颜色：深红、粉红、杏红、明黄、深青、浅青、深绿、浅绿、铜绿、残云。薛涛何以特喜红色呢，一般认为红是快乐的颜色，它使人喜悦兴奋，也象征了她对正常生活的渴望和对爱情的渴望。

薛涛笺是隋唐五代时期造纸术发展的一个标志，在我国制笺发展史上，占有重要地位，后历代均有仿制。

隋唐五代所用的造纸原料，除家麻和野麻以外，从晋代以来兴起的藤纸，至隋唐时期达到了全盛时期，产地也不只限于浙江。

《唐六典》注和《翰林志》均载有唐代朝廷、官府文书用青、白、黄色藤纸，各有各的用途。陆羽《茶经》提到用藤纸包茶。

《全唐诗》卷10收有顾况的《剡纸歌》，描写浙江剡溪的藤纸时说："剡溪剡纸生剡藤，喷水捣为蕉叶棱。欲写金人金口渴，寄予山明山里僧。"

《全唐文》收有舒元舆《悲剡溪古藤文》，作者悲叹因造纸而将古藤斩尽，影响它的生长。藤的生长期比麻、竹、楮要长，资源有限，因此藤纸从唐代以后就走向下坡路。

从历史文献上看，桑皮纸、楮皮纸虽然历史悠久，但唐代以前的实物则很少见到，隋唐时期皮纸才渐渐多了起来。

敦煌石室中的隋代《波罗蜜经》是楮皮纸，《妙法莲华经》是桑皮纸。唐代《无上秘要》和《波罗蜜多经》也是皮纸。传世的唐代初期冯承摹神龙本《兰亭序》也是皮纸。

关于用楮皮纸写经，在唐代京兆崇福寺僧人法藏《华严经传记》卷5也有记载。

南方产竹地区，竹材资源丰富，因此竹纸得到迅速发展。关于竹纸的起源，先前有人认为开始于晋代，但是缺乏足够的文献和实物

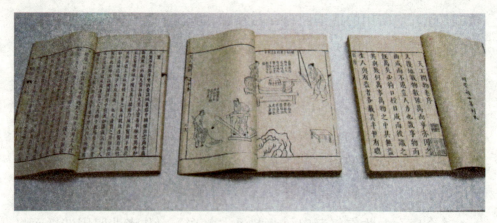

证据。

从技术上看，竹纸应该在皮纸技术获得相当发展以后，才能出现，因为竹料是茎秆纤维，比较坚硬，不容易处理，在晋代不太可能出现竹纸。

竹纸起源于唐，在唐宋时期有比较大的发展。欧洲要到18世纪才有竹纸。竹纸主要产于南方，南方竹材资源丰富。

唐代还有一种香树皮纸。据《新唐书·肖仿传》记载，罗州多栈香树，身如柜柳，皮捣为纸。这些唐人记载说明，广东罗州产的栈香或笺香树皮纸是名闻于当时的。

据明代科学家宋应星《天工开物·杀青》记载，唐代四川造的"薛涛牋，以芙蓉皮为料。煮糜入芙蓉花末或当时薛涛所指，遗留名至今。其美在色，不在质也。"

用木芙蓉韧皮纤维造纸，在技术上应是可能的。因为经脱胶后，总纤维素含量很高。

像魏晋南北朝时期一样，隋唐五代时期也有时用各种原料混合造纸，意在降低生产成本并改善纸的性能。

随着造纸原料的逐步扩大和造纸技术在各地的推广，隋唐五代时期，产纸区域已经遍及全国各地。

据唐代的《元和郡县图志》、《新唐书·地理志》和《通典·食货典》三书记载，在唐代各地产贡纸的有常州、杭州、越州、婺州、衢州、宣州、歙州、池州、江州、信州、衡州11个州邑。当然这是个很不完全的统计，其实产纸的区域远不止这些地区。

宣纸在唐代为书画家所使用，可见它的质量之高。宣纸因原产于宣州府而得名，当时称为"贡纸"。

《新唐书·地理志》记载，宣州土贡有纸和笔。宣州下置宣城、当涂、泾县、广德、南陵、太平、宁国、旌德8县，这是有关宣纸的最早记载。

至宋代时期，徽州、池州、宣州等地的造纸业逐渐转移集中于泾县。当时这些地区均属宣州府管辖，所以这里生产的纸被称为"宣纸"，也有人称"泾县纸"。

南唐后主李煜，曾亲自监制的"澄心堂纸"，就是宣纸中的珍

品，它"肤如卵膜，坚洁如玉，细薄光润，冠于一时"。

宣纸具有"韧而能润、光而不滑、洁白稠密、纹理纯净、搓折无损、润墨性强"等特点，并有独特的渗透、润滑性能。写字则骨神兼备，作画则神采飞扬，成为最能体现我国艺术风格的书画纸。

再加上宣纸耐老化、不变色、少虫蛀、寿命长，故有"纸中之王、千年寿纸"的誉称。19世纪在巴拿马国际纸张比赛会上获得金牌。

宣纸除了题诗作画外，还是书写外交照会、保存高级档案和史料的最佳用纸。

我国流传至今的大量古籍珍本、名家书画墨迹，大都用宣纸保存，依然如初。

宣纸的原料宣纸的选料和其原产地，与泾县的地理有十分密切的关系。因青檀树是当地主要的树种之一，故青檀树皮便成为宣纸的主要原料；当地又种植水稻，大量的稻草便也成了原料之一；泾县更伴青弋江和新安江，这三点便为泾县的宣纸产业打下基础。

泾县生产宣纸的原料是以皖南山区特产的青檀树为主，配以部分稻草，经过长期的浸泡、灰腌、蒸煮、洗净、漂白、打浆、水捞、加胶、贴烘等18道工序，100多道操作过程，历时一年多，方能制造出优质宣纸。

制成的宣纸按原料分为绵料、皮料、特净三大类，按厚薄分为单宣、夹宣、三层夹、螺纹、十刀头等多种。

净皮是宣纸中的精品，具有拉力、韧力强，泼墨性能好等优点，为广大书画家所喜爱。有人赞誉宣纸"薄似蝉翼白似雪，抖似细绸不闻声。"一幅幅图画，一篇篇文字，皆凭宣纸而光耀千秋。

伐条宣纸的传统做法是，将青檀树的枝条先蒸，再浸泡，然后剥皮，晒干后，加入石灰与纯碱再蒸，去其杂质，洗涤后，将其撕成细条，晾在朝阳之地，经过日晒雨淋会变白。

然后将细条打浆入胶。把加工后的皮料与草料分别进行打浆，并加入植物胶充分搅匀，用竹帘抄成纸，再刷到炕上烤干，剪裁后整理

成张。

　　宣纸的每个制作过程所用的工具皆十分讲究。如捞纸用的竹帘，就需要用到纹理直，骨节长，质地疏松的苦竹。宣纸的选料同样非常讲究。青檀树皮以两年以上生的枝条为佳，稻草一般采用砂田里长的稻草，其木素和灰分含量比普通泥田生长的稻草低。

　　抄纸是利用竹帘及木框，将浆料荡入其中，经摇荡，使纤维沉淀于竹帘，水分则从缝隙流失，纸张久荡则厚，轻荡则薄，手抄纸完成后取出竹帘，需以线作为区隔后重叠，并待水分流失部分，采取重压方式增其密度，便可进行烘焙。

　　烘纸是利用蒸气在密封的铁板产生热度，以长木条轻卷手抄纸，用毛刷整平，间接加热使纸干燥。同时进行质检，就是成品的宣纸。

　　隋唐五代时期的造纸技术比魏晋南北朝时期进步的另一表现是，

这时期纸的质量及其加工技术大大超过前代，而且出现了不少名贵的纸张为后世所传颂，在造纸设备上也有了改进。

隋唐五代时期的抄纸器绝大部分使用的是活动帘床纸模，只是因编制纸帘子的材料不同而分为粗茶帘纹和细条帘纹。在长宽幅度上，唐代纸都大于魏晋南北朝时期纸。为了适应写字绘画的需要，唐代纸明确区分为生纸与熟纸。

张彦远《历代名画记》卷3就明确指出唐代生熟纸的功用。他讲到装裱书画时说："勿以熟地背，必皱起，宜用白滑漫薄大幅生纸。"

这里所说的生纸，就是直接从纸槽抄出后经烘干而成的未加处理过的纸，而熟纸则是对生纸经过若干加工处理后的纸。

纸的加工主要目的在于阻塞纸面纤维间的多余毛细孔，以便在运笔时不致因走墨而晕染，达到书画预期的艺术效果。有效措施是砑光、拖浆、填粉、加蜡、施胶等。这样处理过的纸，就逐渐变熟。

同时，由于发明了雕版印刷术，大大刺激了造纸业的发展，造纸区域进一步扩大，名纸迭出。如益州的黄白麻纸，杭州、婺州、衢州、越州的藤纸，均州的大模纸，蒲州的薄白纸，宣州的宣纸、硬黄纸，韶州的竹笺，临川的滑薄纸。

唐代各地多以瑞香皮、栈香皮、楮皮、桑皮、藤皮、木芙蓉皮、青檀皮等韧皮纤维作为造纸原料，这种纸纸质柔韧而薄，纤维交错均匀。

唐代在前代染黄纸的基础上，又在纸上均匀涂蜡，经过砑光，使纸具有光泽莹润，艳美的优点，人称"硬黄纸"。

还有一种硬白纸，把蜡涂在原纸的正反两面，再用卵石或弧形的石块碾压摩擦，使纸光亮、润滑、密实，纤维均匀细致，比硬黄纸稍厚，人称"硬白纸"。

另外，添加矿物质粉和加蜡而成的粉蜡纸，在粉蜡纸和色纸基础上经加工出金、银箔片或粉的光彩的纸品，称作"金花纸"、"银花纸"或"金银花纸"，又称"冷金纸"或"洒金银纸"。

还有色和花纹极为考究的砑花纸，它是将纸逐幅在刻有字画的纹版上进行磨压，使纸面上隐起各种花纹，又称"花帘纸"或"纹纸"。当时四川产的砑花水纹纸鱼子笺，备受欢迎。

当时还出现了经过简单再加工的纸，著名的有谢公十色笺等染色纸。还有各种各样的印花纸、松花纸、杂色流沙纸、彩霞金粉龙纹纸等。

五代制纸业仍继续向前发展，歙州制造的澄心堂纸，直至北宋时期，一直被公认为是最好的纸。

这种纸长者可50尺为一幅，自首至尾均匀而薄韧。宋代继承了唐代和五代时期的造纸传统，出现了很多质地不同的纸张，纸质一般轻软、薄韧。上等纸全是江南制造，也称"江东纸"。

造纸业的发达，是唐代文化繁荣的标志；同样，造纸术的发展，又直接推动了唐代文化的繁荣。

拓展阅读

民间传说，东汉安帝建光元年（121）蔡伦死后，他的弟子孔丹在皖南大量造纸，但他很想造出一种洁白的纸，好为老师画像，以表缅怀之情。

后在一峡谷溪边，偶见一棵古老的青檀树，横卧溪上，由于经流水终年冲洗，树皮腐烂变白，露出缕缕长而洁白的纤维。孔丹欣喜若狂，取以造纸，经反复试验，终于成功，这就是后来的宣纸。

宋元明清的造纸术

　　宋元和明清时期，造纸用的竹帘多用细密竹条，这就要求纸的打浆度必须相当高，而造出的纸也必然很细密匀称。

　　这一时期的楮纸、桑皮纸等皮纸和竹纸特别盛行，消耗量也特别大。纸质的提高，也促进了经济、文化等行业的发展。

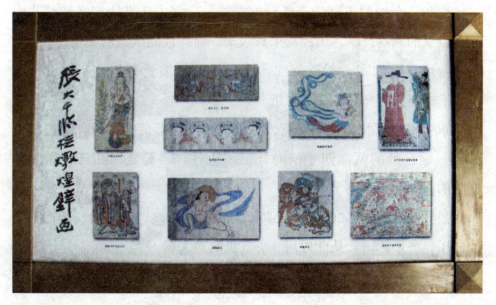

张大千是四川内江人，是我国画坛最具传奇色彩的国画大师。传说其母在其降生之前，夜里梦一老翁送一小猿入宅，所以在他21岁的时候，改名爰。后出家为僧，法号大千，所以世人称"大千居士"。

有一次，张大千邀约好友晏济元一道，来到夹江县马村石堰山中，找到大槽户石子青。在仔细观看了纸的配料和生产过程后，他心中有了底，开始与晏济元配制制造新纸的药料。

两个月过去了，张大千拿着配制好的药液叫石子青试制新纸，造出的纸，抗水性和洁白度果然好多了。但美中不足的是这种纸抗拉力不强，受不了重笔。

在和几个经验丰富的造纸师傅商量后，张大千又决定在纯竹浆中加入少量的麻料纤维。历经两个月艰辛，新一代的纸试制成功。

新纸洁白如雪，柔软似绵，张大千对其偏爱有加，亲自设计纸帘、纸样，同样命名为"大风纸"。

新大风纸帘纹比宣纸略宽，在纸的两端做有荷叶花边，暗花纹为云纹，设在纸的两端四寸偏内处，一边各有"蜀笺"和"大风堂监制"的暗印。

张大千共订造了200刀夹江新纸，每刀96张，经徐悲鸿、傅抱石先生试用，齐声称道。从此以后，夹江纸名声大振。

夹江手工造纸始于唐代，明清时期夹江纸业进入兴盛时期，全县纸产量约占全国的三分之一。

据史载，1661年，夹江所送的"长帘文卷"和"方细土连"两纸经康熙亲自试笔后，被钦定为"文闱卷纸"和"宫廷用纸"。

夹江纸名声大哗，除每年定期解送京城供科举考试和皇宫御用外，各地商人云集夹江，争相采购夹江纸品。因此，夹江有了"蜀纸之乡"的美誉。其实，夹江纸和其他科技成果一样，也是在此前的造纸技术基础上取得的。

唐代用淀粉糊剂做施胶剂，兼有填料和降低纤维下沉槽底的作用。至宋代以后，多用植物黏液做"纸药"，使纸浆均匀。常用的纸药是杨桃藤、黄蜀葵等浸出液。这种技术早在唐代已经采用，但是宋代以后就盛行起来，以致不再采用淀粉糊剂了。

这时候的各种加工纸品种繁多，纸的用途日广，除书画、印刷和日用外，我国还最先在世界上发行纸币。这种纸币在宋代称作"交子"，元明时期后继续发行，后来世界各国也相继跟着发行了纸币。

元代造纸业凋零，只在江南还勉强保持昔日的景象。至明代，造纸业才又兴旺发达起来，主要名品是宣纸、竹纸、宣德纸、松江潭笺。

明清时期，用于室内装饰用的壁纸、纸花、剪纸等也很美观，并且行销于国内外。各种彩色的蜡笺、冷金、泥金、螺纹、泥金银加绘、砑花纸等，多为封建统治阶级所享用，造价很高，质量也在

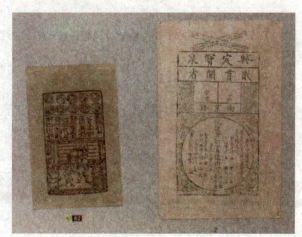

一般用纸之上。

经过元明清数百年岁月，至清代中期，我国手工造纸已相当发达，质量先进，品种繁多，成为中华民族数千年文化发展传播的物质条件。

清代宣纸制造工艺进一步改进，成为家喻户晓的名纸。各地造纸大都就地取材，使用各种原料，制造的纸张名目繁多。在纸的加工技术方面，如施胶、加矾、染色、涂蜡、砑光、洒金、印花等工艺，都有进一步的发展和创新。各种笺纸再次盛行起来，在质地上推崇白纸地和淡雅的色纸地，色以鲜明静穆为主。

康熙、乾隆时期的粉蜡笺，如描金银图案粉蜡笺、描金云龙考蜡笺、五彩描绘砑光蜡笺、印花图绘染色花笺，在三色纸上采用粉彩加蜡砑光，再用泥金或泥银画出各种图案，笺纸的制作在清代已达到精美绝伦的程度。

拓展阅读

宣纸按加工方法可分为生宣、熟宣和半熟宣3种。

生宣是没有经过加工的，吸水性和沁水性都强，易产生丰富的墨韵变化，以之行泼墨法、积墨法，能收水晕墨章、浑厚华滋的艺术效果。写意山水多用它。

生宣纸经上矾、涂色、洒金、印花、涂蜡、洒云母等，制成熟宣，又叫素宣、矾宣、加工宣。其特点是不洇水，宜于绘制工笔画。但不适宜作水墨写意画。

半熟宣也是从生宣加工而成，吸水能力介乎前两者之间，"玉版宣"即属此一类。

传统造纸术的传承

东汉年间经蔡伦综合革新改造，提高造纸技术和质量，使纸本书籍成为传播文化的最有力工具。传统造纸术极大地推动了科技、经济、文化的发展，并且在西安南面的北张村得到传承，在清代时曾被用作奏折和科举考试用纸。

楮皮纸抄制技术传承人张逢学所生产的纸浆，需经过备料、切穰等几道工序完成，生产出来的纸称为"白麻纸"。为传统造纸术的发展传承作出了贡献。

从西安出发南行20多千米，西面是水资源丰富的沣河，自南向北流入渭河，东面是当地人称"沣惠渠"的人工河。长安北张村就处于两条流水之间。

相传东汉时，蔡伦因政治斗争被抓到京都接受审判，他不愿忍受屈辱，在他的造纸发明地和封地龙亭县服毒自尽。

蔡伦家族中人也受到连累四处逃命藏匿，其中一部分人逃至安康，经子午道越秦岭，向北走出秦岭山口时，将当时最先进的植物纤维造纸技术传授给北张村一带。于是，北张村人至今仍在沿用的就是蔡伦发明的用植物纤维为原料的造纸法。

北张村南面的秦岭灌木丛生，楮树、桑树随处可见，成为造纸用之不尽的优质原料，滔滔沣河水又为楮树皮的浸泡、发酵、漂洗、打浆提供了便利条件。

1000多年来，长安北张村的纸匠们一直使用原始、简单的工具，按照东汉蔡伦发明的复杂、完整的流程，制造出纯天然的楮皮纸。这套工艺被专家们称作"研究手工纸工艺演化进程的活化石"。

北张村人多地少，手工造纸从古至今都是当地村民生活的主要来源。流传在北张村一带的民谣讲述了蔡伦实验造纸、攻克一道道技术难关的故事。

民谣说道：

蔡伦造纸不成张，观音老母说药方。

张郎就把石灰烧，李郎抄纸成了张。

村里几乎每家造纸作坊的墙壁上，都供奉着造纸祖师爷蔡伦的神像，村外还有一座蔡伦庙，供奉着"纸圣"蔡伦祖师，接受纸工和村民的顶礼膜拜。

"仓颉字，雷公瓦，沣出纸，水漂帘。"流传下来的北张村民谣，不但描述了最早纸的诞生，而且成为沣河一带造纸历史悠久的有力佐证。

楮皮纸抄制技艺的传承人是张逢学。张家生产纸浆要经过备料、切穰、踏碓、捣浆、淘浆这样几道工序。

具体流程是：先筛选出用清水泡过的新鲜构树皮，放到石灰水里泡两三天，然后在大锅里蒸一天一夜。待纤维彻底软化，拿到河里将石灰和其他杂质彻底洗干净后放到石碾上碾成穰，再用铡刀切碎，然后用工具压成松散状。

之后，还要放到石缸里用石具捣，使植物纤维变得更软更细，最后放到石槽里淘浆变成均匀的纸浆。

张家后院有一个5米长，3米宽浸泡纸浆的水槽。据说，这个水槽一定要用石头垒砌，才能保证水不变臭。

人站进一个水槽边一米见方的洞里，手持飞杆在水中来回搅动，让纤维均匀分布在水中，随后巧妙地使浆中的纤维覆盖在纸帘上，形成湿纸，一张张叠放于纸床上。

待达到一定厚度后，用杠杆的方法将湿纸放在支点上，逐渐除去湿纸中大量水分，形成纸砖。最后把纸一张张撕下，贴在墙上晒干。

这种纯天然的纸亮白洁净，柔韧性非常好，用手使劲揉搓再展开，基本平展如初。据说这纸还耐保存，其书画作品百十年后拿出来仍然跟刚画的一样。

据学者考证，至唐代，因为京畿地区大量需求纸，北张村的造纸技艺得到鼎盛发展，尤其是被视为精品的白麻纸甚至远销到朝鲜、日本等国。清代时北张村所造楮皮纸后来被选作奏折和科举考试用纸。

北张村造纸技艺以传统家族式口传心授，世代传承，张逢学等北张村人仍在用它造这种白麻纸。

当先进的造纸机器以每分钟900米长，8米多宽的速度在生产线上出纸时，北张村的纸匠依然重复着这些古老的造纸工序。

后来，在北张村随处可见一些被丢弃的石碾、石臼，它们都已成为一种历史的遗迹，或许若干年后，北张村也会只剩下一个介绍"纸村"历史的牌坊。

拓展阅读

北张村附近的山上有含有大量纤维的树木和麻类植物，有的被雨水带入河中，在自然原始碱和水的作用下变成稀薄的原始纸浆，漂到岸边废弃的树枝上聚集，经过太阳晒干后揭下来，竟然成为可以使用的纸。楮皮纸传承人张逢学就运用自然的原理生产出人工纸。

张逢学12岁开始跟着父亲张元新学习传统抄纸技术，在父亲的口传心授下，熟练掌握了世代祖传的传统楮皮纸的制作工艺。他曾经参加了国内的各种文化活动，向世人展示了这种传统技艺。

印刷术

北宋时期毕昇发明了以泥活字为标志的活字印刷术。其方法是先制成单字的阳文反字模，然后按照稿件挑选单字并排列在字盘内，涂墨印刷。之后再将字模拆出，留待下次排印时再次使用。

毕昇是世界上第一个发明印刷术的人，比欧洲活字印书早400年。印刷术是在印章、拓印和印染技术的基础上发明的，是我国祖先智慧的结晶。印刷术的发明是世界印刷史上伟大的技术革命。

印刷术的历史起源

印刷术是我国古代四大发明之一。其特点是方便灵活，省时省力，为知识的广泛传播、交流创造了条件。

印刷术的发明，是我国祖先智慧的结晶，有着漫长而艰辛的探索过程。

我国古代印章、拓印和印染技术，对印刷术的问世奠定了基础。

我国印刷术的发展经过了雕版印刷和活字印刷两个阶段，但它的源起却是来源于先秦时期的印章。

印刷术发明之前，文化的传播主要靠手抄的书籍。手抄费时、费事，又容易抄错、抄漏，阻碍了文化的发展，给文化的传播带来不应有的损失。

印章和石刻给印刷术提供了直接的经验性启示，用纸在石碑上墨拓的方法，为雕版印刷指明了方向。

印章在先秦时就有，一般只有几个字，表示姓名、官职或机构。印文均刻成反体，有阴文、阳文之别。

阴文是指表面凹下的文字或图案。采用模印或刻画的方法，形成低于器物平面的文字或图案；阳文是指表面凸起的文字或者图案。采用模印、刀刻、笔堆等方法，出现高出器物平面的文字图案等。

在纸没有出现之前，公文或书信都写在简牍上，写好之后，用绳扎好，在结扎处放黏性泥封结，将印章盖在泥上，称为"泥封"。泥封就是在泥上印刷，这是当时保密的一种手段。

古代文书都用刀刻或用漆写在竹简或木札上，发送时装在一定形式的斗槽里，用绳捆上，在打结的地方，填进一块胶泥，在胶泥上打玺印。

如果简札较多，则装在一个口袋里，在扎绳的地方填泥打印，作为信验，以防私拆。发送物件也常用此法。主要流行于秦、汉。魏晋之后，纸帛盛行，封泥之制渐废。

纸张出现之后，泥封演变为纸封，在几张公文纸的接缝处或公文纸袋的封口处盖印。

据记载在北齐时期，有人把用于公文纸盖印的印章做得很大，这种印章就已经很像一块小小的雕刻版了。

战国时期，我国出现了铜印。铜制的印章，官私皆用。官用代表一定的官阶。

汉代俸禄在600石以上者佩之，南朝时期诸州刺史多用铜印，唐代诸司，宋代六部以下用铜印，清代府、州、县皆用铜印。

铜印的印面以方形为主，也可见到极少数的菱形和圆形铜印，印纽的形状变化较多，有瓦纽、兔纽、兽纽、柄纽、片纽等。

古代铜印从印文内容上又可分为官印、人名印、闲章、吉祥语、图案印、斋室印、收藏印，在古代遗留下的书画作品或其他文史资料中，人们常常可以看到这类印文。

还有一类是人们不太熟悉的宗教文字印，在宗教印中，最为著名、数量最多的是道教的秘密文字印。在当时，这类印文只有道观中的住持和少数功法极高的道士才能认得。

至清代，道教中的人开始逐渐忽视这类文字，后来几乎就没有人能认识这类文字了。

晋代著名炼丹家葛洪在他的《抱朴子》中提到，道家那时已用4寸见方有120个字的大木印。这已经是一块小型的雕版了。

佛教徒为了使佛经更加生动，常把佛像印在佛经的卷首，这种手工木印比手绘省事得多。

碑石拓印技术对雕版印刷技术的发明也很有启发作用。刻石的发明，历史很早。唐代初期在今陕西省凤翔县发现了10只石鼓，它是公元前8世纪春秋时秦国的石刻。

秦始皇出巡，在重要的地方刻石7次。东汉时期石碑盛行。

175年，蔡邕建议朝廷，在太学门前树立《诗经》、《尚书》、《周易》、《礼记》、《春秋》、《公羊传》、《论语》7通儒家经典的石碑，共20.9万字，分刻于46通石碑上。每碑高1.75米，宽0.90米，厚0.2米，容字5000个，碑的正反面皆刻字。

历时8年，全部刻成，为当时读书人的经典，很多人争相抄写。

后来特别是魏晋六朝时期，有人趁看管不严或无人看管时，用纸将经文拓印下来，自用或出售。结果使其广为流传。

拓片是印刷技术产生的重要条件之一。古人发现在石碑上盖一张微微湿润的纸，用软槌轻打，使纸陷入碑面文字凹下处，待纸干后再用布包上棉花，蘸上墨汁，在纸上拍打，纸面上就会留下黑底白字跟石碑一模一样的字迹。

这样的方法比手抄简便可靠。于是，拓印便出现了。

印染技术对雕版印刷也有很大的启示作用，它是在木板上刻出花纹图案，用染料印在布上。我国的印花板有凸纹板和镂空板两种。

早在六七千年前的新石器时代，我们的祖先就能够用赤铁矿粉末将麻布染成红色。

居住在青海柴达木盆地诺木洪地区的原始部落，能把毛线染成黄、红、褐、蓝等色，织出带有色彩条纹的毛布。

商周时期，染色技术不断提高。宫廷手工作坊中设有专职的官吏"染人"来"掌染草"，管理染色生产。染出的颜色也不断增加。至汉代，染色技术达到了相当高的水平。

古代染色用的染料，大都是天然矿物或植物染料为主。古代原色青、赤、黄、白、黑，称为"五色"，将原色混合可以得到间色。

青色主要是用从蓝草中提取靛蓝染成的；赤色最初是用赤铁矿粉末，后来有用朱砂；黄色早期主要用栀子，后来又有地黄、槐树花、黄檗、姜黄、柘黄等；白色用硫磺熏蒸漂白法或天然矿物绢云母涂染；黑色的植物主要用栎实、橡实、五倍子、柿叶、冬青叶、栗壳、莲子壳、鼠尾叶、乌桕叶等。

随着染色工艺技术的不断提高和发展，我国古代染出的纺织品颜色也不断地丰富，出现了红色、黄色、蓝色、绿色等颜色。

我国在织物上印花比画花、缀花、绣花都晚。现在我们见到的最早印花织物是湖南长沙战国楚墓出土的印花绸被面。

唐代的印染业相当发达，除织物上的印染花纹的数量、质量都有所提高外，还出现了一些新的印染工艺。特别是在甘肃省敦煌出土的唐代用凸版拓印的团窠对禽纹绢，这是自东汉时期隐没了的凸版印花技术的再现。

从出土的唐代纺织品中还发现了若干不见于记载的印染工艺。至宋代，我国的印染技术已经比较全面，色谱也较齐备。

明清时期，染料应用技术已经达到相当的水平，染坊也有了很大的发展。乾隆时期的染工有蓝坊，染天青、淡青、月下白；有红坊，染大红、露桃红；有漂坊，染黄糙为白；有杂色坊，染黄、绿、黑、紫、虾、青、佛面金等。

明清时期的印花技术也有了发展，出现了比较复杂的工艺。至1834年法国的佩罗印花机发明以前，我国一直拥有世界上最先进的手工印染技术。

造纸术发明后，这种技术就可能用于印刷方面，只要把布改成纸，把染料改成墨，印出来的东西，就成为雕版印刷品了。在敦煌石窟中就有唐代凸版和镂空板纸印的佛像。

总之，印章、拓印、印染技术三者相互启发，相互融合，再加上我国人民的经验和智慧，雕版印刷技术就应运而生了。

拓展阅读

秦代以前，无论官、私印都称"玺"，秦统一六国后，规定皇帝的印独称"玺"，臣民只称"印"。汉代也有诸侯王、王太后称为"玺"的。

汉代将军印称"章"。之后，印章根据历代人民的习惯有印章、印信、朱记、戳子等各种称呼。印章用朱色钤盖，除日常应用外，又多用于书画题识，遂成为我国特有的艺术品之一。古代多用铜、银、金、玉、琉璃等为印材，后有牙、角、木、水晶等，元代以后盛行石章。

雕版印刷术的发明

雕版即刻书，一作刻版。我国古代四大发明之一的印刷术即雕版印刷术。

在隋末唐初，由于大规模的农民大起义，推动了社会生产的发展，文化事业也跟着繁荣起来，客观上产生了雕版印刷的迫切需要，促进了雕版印刷的产生。

唐太宗执政时，长孙皇后收集封建社会中妇女典型人物故事，编写了一本叫《女则》的书，是用来告诫自己如何做一个称职的皇后。

636年，长孙皇后去世了，宫中有人把这本书送到唐太宗那里。唐太宗看到之后，热泪夺眶而下，感到"失一良佐"，从此不再立后。并下令用雕版印刷把它印出来。

在当时，民间已经开始用雕版印刷来印行书籍了，所以唐太宗才想到把《女则》印出来。《女则》由此成为我国最早雕版印刷的书。

雕版印刷的发明时间是隋末至唐初这段时间。考古工作者在敦煌千佛洞里发现一本印刷精美的《金刚经》，末尾题有"咸同九年四月十五日"等字样，这是当前世界上最早的有明确日期记载的印刷品。

雕版印刷的印品，可能开始只在民间流行，并有一个与手抄本并存的时期。唐穆宗时，诗人元稹为白居易的《长庆集》作序中有"牛童马走之口无不道，至于缮写模勒，烨卖于市井"。"模勒"就是模刻，"烨卖"就是叫卖。这说明当时的上层知识分子白居易的诗的传播，除了手抄本之外，已有印本。

由于唐代科技文化繁荣，印刷术在唐代取得了长足进步，印刷业已经形成规模。

当时剑南、两川和淮南道的人民。都用雕版印刷历书在街上出卖。每年，管历法的司天台还没有奏请颁发新历，老百姓印的新历却已到处都是了。

881年，有两个人印的历书，在月大月小上差了一天，发生了争执。一个地方官知道了，就说："大家都是同行做生意，相差一天半天又有什么关系呢？"

历书怎么可以差一天呢？那个地方官的说法真叫人笑掉大牙。这件事情说明，单是江东地方，就起码有两家以上印刷历书。

不仅当时印历书，还在印其他类型的书籍。历史学家向达在《唐代刊书考》中说："我国印刷术之起源与佛教有密切之关系。"历史的记载和实物的发现，都证明了佛教僧侣对印刷术的发明和发展是有贡献的。

唐代的佛教十分发达，曾派高僧玄奘西游印度17年，取回25匹马

驮的大小乘经律论252夹，657部。

当时，各地寺院林立，僧侣人数很多，对佛教宣传品需求量也很大，因此，他们是印刷术的积极使用者。在这个时期，出现了许多佛教印刷物，这些即是早期的印刷物。

早期佛教印品，只是将佛像雕在木版上，进行大批量印刷。唐代末期冯贽在《云仙散录》中，记载了645年之后，"玄奘以回锋纸印普贤像，施于四众，每岁五驮无余。"这是最早关于佛教印刷的记载，印刷品只是一张佛像，而且每年印量都很大，遗憾的是未流传下来。

唐代印刷术的发展为毕昇发明活字印刷打下了坚实基础，也为印刷技术的进步起到了重大促进作用。

北宋时期科学家沈括在《梦溪笔谈》中说，雕版印刷在五代时期开始印制大部儒家书籍，以后，经典皆为版刻本。

宋代，雕版印刷已发展至全盛时代，各种印本甚多。较好的雕版材料多用梨木、枣木。对刻印无价值的书，有以"灾及梨枣"的成语来讽刺，意思是白白糟蹋了梨、枣树木。可见当时刻书风行一时。

雕版印刷开始只有单色印刷，五代时期有人在插图墨印轮廓线内用笔添上不同的颜色，以增加视觉效果。天津杨柳青版画现在仍然采用这种方法生产。

将几种不同的色料，同时上在一块板上的不同部位，一次印于纸上，印出彩色印张，这种方法称为"单版复色印刷法"。用这种方法，宋代曾印过交子，即当时发行的纸币。

单版复色印刷色料容易混杂渗透，而且色块界限分明显得呆板。人们在实际探索中，发现了分板着色，分次印刷的方法，这就是用大小相同的几块印刷板分别载上不同的色料，再分次印于同一张纸上，这种方法称为"多版复色印刷"，又称"套版印刷"。

多版复色印刷的发明时间不会晚于元代，在明代获得较大的发展。明代初期，《南藏》和许多官刻书都是在南京刻板。明代设立经厂，永乐的《北藏》，正统的道藏都是由经厂刻板。明清两代，南京和北京是雕版中心。

清英武殿本及雍正《龙藏》，都是在北京刻板。嘉靖以后，至16世纪中叶，南京成了彩色套印中心。

雕刻以杜梨木、枣木、红桦木等做版材。一般工艺是：将木板锯成一页书面大小，水浸月余，刨光阴干，搽上豆油备用。刮平木板并用木贼草磨光，反贴写样，等木板干透之后，用木贼草磨去写纸，使反写黑字紧贴在板

面上，就可以开始刻字了。

第一步叫"发刀"，先用平口刀刻直栏线，随即刻字，次序是先将每字的横笔都刻一刀，再按撇、捺、点、竖，自左而右各刻一刀，横笔宜平宜细，竖宜直，粗于横笔。

接着就是"挑刀"，据发刀所刻刀痕，逐字细刻，字面各笔略有坡度，呈梯形状。

挑刀结束后，用铲凿逐字剔净字内余木，术语叫"剔脏"。再用月牙形弯口凿，以木槌仔细敲凿，除净没有字处的多余木头。

最后，锯去版框栏线外多余的木板，刨修整齐，叫"锯边"。至此雕版完工，可以开始印刷了。

印书的时候，先用一把刷子蘸了墨，在雕好的板上刷一下。接着，用白纸覆盖在板上，另外拿一把干净的刷子在纸背上轻轻刷一下，把纸拿下来，一页书就印好了。一页一页印好以后，装订成册，一本书也就成功了。

这种印刷方法，是在木板上雕好字再印的，所以大家称它为"雕版印刷"。

雕版印刷的过程大致是这样的：将书稿的清样写好后，使有字的一面贴在板上，即可刻字，刻工用不同形式的刻刀将木版上的反体字墨迹刻成凸起的阳文。同时将其余空白部分剔除，使之凹陷。板面所刻出的字约凸出版面。用热水冲洗雕好的板，刻板过程就完成了。

印刷时，用圆柱形平底刷蘸墨汁，均匀刷于板面上，再小心把纸覆盖在板面上，用刷子轻轻刷纸，纸上便印出文字或图画的正像。将纸从印版上揭起，阴干，印制过程就完成了。

雕版印刷的印刷过程，有点像拓印，但是雕版上的字是阳文反字，而一般碑石的字是阴文正字。此外，拓印的墨施在纸上，雕版印刷的墨施在版上。由此可见，雕版印刷是一项创新技术。

雕版印刷的发展，为活字排版印刷的出现打下了良好基础，此时，活字排版印刷已经是呼之欲出了。

拓展阅读

唐太宗的皇后长孙氏是历史上有名的一位贤德的皇后，她坤厚载物，德合无疆，为后世皇后之楷模。长孙皇后曾编写一本书，名为《女则》。书中采集古代后妃的得失事例并加以评论，用来教导自己如何做好一位称职的皇后。

636年，长孙皇后去世，宫女把这本书送到唐太宗那里。唐太宗看后恸哭，对近臣说："皇后此书，足可垂于后代。"并下令把它印刷发行。宋以后，因女子不得干政，《女则》这部后妃教科书失去了其应有的价值，最终失传。

毕昇发明活字印刷术

毕昇是北宋时期人，是我国历史上著名的发明家，发明了活字版印刷术。

毕昇总结了历代雕版印刷的丰富的实践经验，经过反复试验，于宋仁宗庆历年间发明胶泥活字印刷技术，实行排版印刷，完成了印刷史上一项重大的革命。

他的字印为沈括家人收藏，其事迹见于沈括所著《梦溪笔谈》中。

北宋庆历年间，毕昇为书肆刻工，用新的活字印刷方法，使印刷效率一下子提高了几十倍。他的师弟们大为惊奇，纷纷向师兄取经。

毕昇一边演示，一边讲解，毫无保留地把自己的发明介绍给师弟们。他先将细腻的胶泥制成小型方块，一个个刻上凸面反手字，用火烧硬，按照韵母分别放在木格子里。然后在一块铁板上铺上黏合剂，如松香、蜡和纸灰，按照字句段落将一个个字印依次排放，再在四周围上铁框，用火加热。

待黏合剂稍微冷却时，用平板把版面压平，完全冷却后就可以印了。印完后，毕昇把印版用火一烘，黏合剂熔化，拆下一个个活字，留着下次排版再用。

师弟们禁不住啧啧赞叹。一位小师弟说："《大藏经》5000多卷，雕了13万块木板，一间屋子都装不下，花了多少年心血！如果用师兄的办法，几个月就能完成。师兄，你是怎么想出这么巧妙的办法的？"

"是我的两个儿子教我的！"毕昇说。

"你儿子？怎么可能呢？他们只会'过家家'。"

"你说对了！就靠这'过家家'。"毕昇笑着说，"去年清明前，我带着妻儿回乡祭祖。有一天，两个儿子玩过家家，用泥做成了锅、碗、桌、椅、猪、人，随心所欲地排来排去。我的眼前忽然一亮，当时我就想，我何不也来玩过家家：用泥刻成单字印章，不就可以随意排列，排成文章吗？哈哈！这不是儿子教我的吗？"

师兄弟们听了，也哈哈大笑起来。

"但是这过家家，谁家孩子都玩过，师兄们都看过，为什么偏偏只有你发明了活字印刷呢？"还是那位小师弟问道。

好一会，师傅开了口："在你们师兄弟中，毕昇最有心。他早就在琢磨提高工效的新方法了。冰冻三尺非一日之寒啊！"

"哦——"师兄弟们茅塞顿开。

其实在毕昇发明活字印刷术前，雕版印刷被广泛运用。雕版印刷对文化的传播起了重大作用，但是也存在明显缺点：第一，刻版费时费工费料；第二，大批书版存放不便；第三，有错字不容易更正。

此外，自从有了纸以后，随着经济文化的发展，读书的人多起来了，对书籍的需要量也大大增加了。

至宋代，印刷业更加发达起来，全国各地到处都刻书。

北宋初期，成都印《大藏经》，刻板13万块；北宋朝廷的教育机构国子监，印经史方面的书籍，刻板10多万块。

从这两个数字，可以看出当时印刷业规模之大。宋代雕版印刷的书籍，现在知道的就有700多种，而且字体整齐朴素，美观大方，后来一直为我国人民所珍视。

这些都为活字印刷术的发明提供了经验、借鉴。由此可见，虽然活字印刷术是毕昇个人的发明创造，但这里面确实凝聚着前朝历代很多劳动者的智慧。

毕昇发明的活字印刷术，改进了雕版印刷的这些缺点。毕昇总结了历代雕版印刷的丰富的实践经验，经过反复试验，在1041年至1048年间，制成了胶泥活字，实行排版印刷，完成了印刷史上一项重大的革命。

毕昇发明的活字印刷方法既简单灵活，又方便轻巧。其制作程序为：先用胶泥做成一个个规格统一的单字，用火烧硬，使其成为胶泥活字。然后把它们分类放在木格里，一般常用字备用几个至几十个，以备排版之需。

排版时，用一块带框的铁板作为底托，上面敷一层用松脂、蜡和纸灰混合制成的药剂，然后把需要的胶泥活字一个个从备用的木格里拣出来，排进框内，排满就成为一版，再用火烤。

等药剂稍熔化，用一块平板把字面压平，待药剂冷却凝固后，就成为版型。印刷时，只要在版型上刷上墨，敷上纸，加上一定压力，就行了。

印完后，再用火把药剂烤化，轻轻一抖，胶泥活字便从铁板上脱落下来，下次又可再用。

毕昇发明的活字印书方法，同今天印书的方法相比，虽然原始了些，但是它从刻制活字、排版到印刷的基本步骤，对后代书籍的印刷产生了深远的影响。

这种印刷技术不仅促进了我国古代文化事业的繁荣，而且很早就被介绍到国外，为世界文化的发展作出了贡献。

毕昇还试验过木活字印刷，由于木料纹理疏密不匀，刻制困难，木活字沾水后变形，以及和药剂粘在一起不容易分开等原因，所以毕昇没有采用。

毕昇的胶泥活字版印书方法，如果只印两三本，不算省事，如果印成百上千本，工作效率就极其可观了，不仅能够节约大量的人力物力，而且可以大大提高印刷的速度和质量，比雕版印刷要优越得多。

现代的凸版铅印，虽然在设备和技术条件上是宋代毕昇的活字印刷术所无法比拟的，但是基本原理和方法是完全相同的。活字印刷术的发明，为人类文化作出了重大贡献。

这中间，平民发明家毕昇的功绩是不可磨灭的。可是关于毕昇的生平事迹，后人却一无所知，幸亏毕昇创造活字印刷术的事迹，比较完整地记录在北宋时期著名科学家沈括的名著《梦溪笔谈》里。

拓展阅读

关于毕昇的职业，以前曾有人作过各种猜测，但最为可靠的说法，毕昇应当是一个从事雕版印刷的工匠。因为只有熟悉或精通雕版技术的人，才有可能成为活字版的发明者。

由于毕昇在长期的雕版工作中，发现了雕版印刷的缺点。如果改用活字版，只需雕制一副活字，则可排印任何书籍，活字可以反复使用。虽然制作活字的工程大一些，但以后排印书籍则十分方便。正是在这种启示下，毕昇才发明了活字版。

印刷术的完善与传承

在北宋时期毕昇发明活字印刷术之后，经过历朝历代的努力不断发展，活字原料又有扩展，制作工艺不断提高，印刷品日益丰富。

印刷术不仅推动了社会的进步，科技的发展，而且还同文字一道，记载、传承了中国乃至整个世界的文明。

随着近代科学技术的飞跃发展，印刷技术也迅速地改变着面貌。在这一过程中，扬州对传统印刷术的传承独具特色。

王祯是元代初期农学家，他结合北宋时期毕昇试验过的木活字经验，在安徽旌德招请工匠刻制木活字，最后刻成3万多个。

1298年，王祯用木活字将自己纂修的《大德旌德县志》试印。在不到一个月的时间里就印了100部，可见效率之高。这是有记录的第一部木活字印本的方志。

王祯创制的木活字，被他记录在所著的一部总结古代农业生产经验的著作《农书》中，书中记载了木活字的刻字、修字、选字、排字、印刷等方法。

王祯在印刷技术上的另一个贡献是发明了转轮排字盘。由于在原有印刷的拣字工序中，几万个活字一字排开，工人穿梭取字很不方便。于是他设计出转轮排字盘，从而为提高拣字效率和减轻劳动强度创造了条件。

王祯用轻质木材做成一个大轮盘，直径约7尺，轮轴高3尺，轮盘装在轮轴上可以自由转动。

字盘为圆盘状，分为若干格。下有立轴支承，立轴固定在底座上。把木活字按古代韵书的分类法，分别放入盘内的一个个格子里。

排版时两人合作，一人读稿，一人则转动字盘，方便地取出所需要的字模排入版内。印刷完毕后，将字模逐个还原在格内。这就是王祯所说的"以字就人，按韵取字"。

这样既提高了排字效率，又减轻了排字工的体力劳动，是排字技术上的一个创举。

元初重臣和著名理学家姚枢提倡活字印刷，他教子弟杨古用活字版印书，印成了朱熹的《小学》和《近思录》，以及吕祖谦的《东莱经史论说》等书。

不过杨古造泥活字是用毕昇以后宋人改进的技术，并不是毕昇原有的技术。

明代木活字本较多，多采用宋元时期传统技术。1586年的《唐诗类苑》、《世庙识余录》，嘉靖年间的《璧水群英待问会元》等，都是木活字的印本。

在清代，木活字技术由于得到政府的支持，获得空前的发展。康熙年间，木活字本已盛行，大规模用木活字印书，则始于乾隆年间《英武殿聚珍版丛书》的发行。

印制该书共刻成大小枣木木活字25.35万个。印成《英武殿聚珍版丛书》134种，2389卷。这是我国古代历史上规模最大的一次用木活字印书。

清代磁版印刷术创造者徐志定，于1718年制成陶活字，印《周易说略》。他将泥土煅烧后制成活字用以排版印书，采用的仍然是毕昇用过的方法。

清代画家翟金生，因读沈括的《梦溪笔谈》中所述的毕昇泥活字技术，而萌生了用泥活字印书的想法。他历经30年，制泥活字10万多个。最终于1844年印成了《泥版试印初编》。此后，翟金生又印了许多书。

后来的研究者在泾县

发现了翟金生当年所制的泥活字数千枚。这些活字有大小5种型号。翟金生以自己的实践，证明了毕昇的发明泥活字是可行的，打破了有人对泥活字可行性的怀疑。

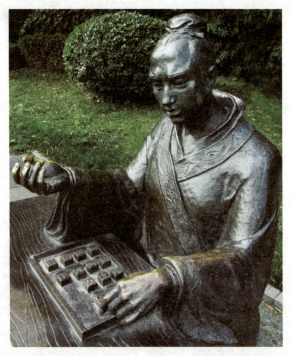

铜活字印刷在清代进入新的高潮，最大的工程要算印刷数量达万卷的《古今图书集成》了，估计用铜活字达100万至200万个。

随着科学技术的飞跃发展，我国古代传统印刷术呈现出不同的面貌。在这之中，扬州对传统印刷术的传承独具特色。

扬州剪纸传承人张秀芳，扬州玉雕传承人江春源、顾永骏，扬州漆器髹饰技艺传承人张宇、赵如柏，他们是扬州民间文化的"活化石"，是民族文化的传承者和创造者。其中著名的是扬州雕版印刷"杭集刻字坊"第三代传人陈义时。

杭集镇，是扬州最为著名的雕版印刷之乡，早在清光绪年间，陈义时的爷爷陈开良即开办了杭集镇最大规模的刻字作坊，当时的娴熟艺人达30人之多。

后来，陈义时的父亲陈正春再接拳刀，接刻了《四明丛书》、《扬州丛刻》、《暖红室》等扬州历史上一批著名的古籍，再次将陈家"杭集刻字坊"的牌子做响。

陈义时从13岁时起正式跟父亲学习雕版刻字。当时陈家在杭集开有刻字作坊，陈父则是远近闻名的雕版师。他们家曾修补了《四明丛书》、《扬州丛刻》、《暖红室》等著名的古籍。

陈父在弥留之际，把陈义时叫到床边，叮嘱他："一定要将祖传的雕版绝技传下去。"陈义时含泪允诺。

陈义时后来来到了广陵古籍刻印社，专门进行雕版刻字。一盏台灯、一只时钟、一桌一椅、一把刻刀、一把铲凿，这就是陈义时工作的全部。经他的巧手刻补，许多古籍重现生机。

陈义时一生都和雕版打交道。在刀刻的一笔一画中，他感受到了我国文字艺术的无穷魅力。

作为一位我国当代雕版大师，也是全国唯一一位雕版国家级工艺美术师，陈义时有信心让这朵"广陵奇葩"绽放于文化百花园中。

拓展阅读

王祯在印刷技术上的革新，对我国乃至世界文化的发展作出了可贵的贡献。

北宋时期毕昇发明的印刷术到元代尚未得到推广，当时仍在使用雕版印刷术。这种方法不但费工费时，而且所刻雕版一旦印刷完毕大多废弃无用。

王祯为了使他的《农书》早日出版，便在毕昇胶泥活字印刷术的基础上试验研究，终于取得成功。这一方法既节省人力和时间，又可提高印刷效率。转轮排字法，是王祯的另一发明，为提高拣字效率和减轻劳动强度创造了条件。

指南针

　　指南针是一种判别方位的简单仪器，又称"指北针"。它的前身是司南，主要组成部分是一根装在轴上可以自由转动的磁针。磁针在地磁场作用下能保持在磁子午线的切线方向上，磁针的南极指向地理的北极，人们利用这一性能可以辨别方向。

　　指南针在使用过程中不断完善，期间有许多创建，如发现并考虑到了地磁偏角现象，实现了磁针与罗盘一体化等。

　　随着我国对外交往的日益频繁，我国的指南针传到西方等国，开启了世界计量航海新时代，被世人誉为"水上之友"。

古人对磁石的运用

指南针的前身是我国古代四大发明之一的司南，其发明是我国劳动人民在长期的实践中对物体磁性认识的结果。

我国古人由于生产劳动，人们接触了磁铁矿，开始了对磁性质的了解。经过多方的实验和研究，终于发明了可以实用的指南针。

汉武帝时期，天下众人皆知汉武帝喜爱奇珍异宝，如果能寻上一两件讨得他的欢心，这一辈子的荣华富贵就享不尽了。

当时有一个名叫栾大的方士，他利用磁石的特殊性质做了两个棋子般的东西，通过调整两个棋子极性的相互位置，有时两

个棋子相互吸引，有时相互排斥。栾大称其为"斗棋"。

汉武帝见过很多斗棋，黄金造的、玛瑙造的、象牙造的，天下该有的他应有尽有。所以他一见到这副棋，立刻就没了兴致，不相信这个黑漆漆的铁疙瘩有什么非同寻常之处。

栾大也没多解释，只是淡淡说了一句："陛下，您看好了。"说着，从袋子里摸出几枚棋子，往棋盘上轻轻一摆。

奇怪的事发生了，那几枚不起眼的棋子突然好像活了一样，自动在棋盘上碰撞打斗起来，直看得汉武帝目瞪口呆，老半天才缓过神，忍不住连声称奇。

栾大见龙颜大悦，心里窃喜，垂手退到一边等待着汉武帝的奖赏。

汉武帝惊奇不已，封栾大为"五利将军"。

其实，棋子相互吸引碰击并不奇怪，栾大只不过是充分利用了磁石的吸铁功能罢了，但汉武帝却不晓得这里面的道理。

这样的故事还很多。《晋书·马隆传》记载马隆率兵西进甘、陕

一带，在敌人必经的狭窄道路两旁，堆放磁石。穿着铁甲的敌兵路过时，被牢牢吸住，不能动弹了。

马隆的士兵穿犀甲，磁石对他们没有什么作用，可自由行动。敌人以为神兵，不战而退。

我国古代对磁性的认识和利用，在世界上是比较早的，在很多古籍中都有记载。

古代人认识磁性，是从发现磁铁矿具有磁性开始的。古代人把磁铁矿称为"磁石"、"慈石"，又把磁铁矿中具有极强磁性的亚种称作"玄石"。

东汉时期的《异物志》记载了在南海诸岛周围有一些暗礁浅滩含有磁石，磁石经常把"以铁叶锢之"的船吸住，使其难以脱身。

魏晋南北朝时期，我国先民对磁石的性质已有了很多认识。连当时的诗人曹植在诗中也用过"磁石引铁，于金不连"的句子，可见他也了解磁石的性质。

南北朝梁代的陶弘景在《名医别录》中提出了磁力测量的方法，他指出，优良磁石出产在南方，磁性很强，能吸3根铁针，使3根针首尾相连挂在磁石上。

磁性更强的磁石，能吸引10多根铁针，甚至能吸住一两千克重的刀器。

陶弘景不仅提出了磁性有强弱之分，而且指出了测量方法。这可能是世界上有关磁力测量的最早记载。

古人对磁石的认识在医学上多有体现。古代先民在对磁现象的观察和研究的过程中，进一步了解了磁的性质，并试图更多地应用这些性质，比如历代都有应用磁石治病的记载。

据战国末期成书的《管子》和《吕氏春秋》记载，我国古人在2000多年前就发现山上的一种石头具有吸铁的神奇特性，他们管这种石头叫"磁石"。

在西汉时期史学家司马迁的《史记》书中的"仓公传"便讲到齐王侍医利用5种矿物药治病的事。这5种矿物药是指磁石、丹砂、雄黄、矾石和曾青。

在东汉时期的《神农本草》药书中，讲到了利用味道辛寒的磁石治疗风湿、肢节痛、除热和耳聋等疾病。

南北朝时期陶弘景在《名医别录》医药书中，也讲到磁石养肾脏，强骨气，通关节，消痈肿等。

唐代医药学家孙思邈著的《千金方》药书中讲到用磁石制成的蜜丸，经常服用可以对眼力有益。

北宋时期医学家王怀隐等著的《太平圣惠方》中还讲到磁石可以医治儿童误吞针的伤害，这就是把枣核大的磁石，磨光钻孔穿上丝线后投入喉内，便可以把误吞的针吸出来。

在南宋时期医学家严用和著的《济生方》医药书中，又讲到利用磁石医治听力不好的耳病，这是将一块豆大的磁石用新绵塞入耳

内，再在口中含一块生铁，便可改善病耳的听力。

在明代著名药学家李时珍著的《本草纲目》中，关于医药用磁石的记述内容丰富并具总结性，对磁石形状、主治病名、药剂制法和多种应用的描述都很详细。

例如磁石治疗的疾病就有耳卒聋闭、肾虚耳聋、老人耳聋、老人虚损、眼昏内障、小儿惊痫、子宫不收、大肠脱肛、金疮疡出、金疮血出、误吞针铁、疔肿热毒、诸般肿毒等多种疾病，利用磁石制成的药剂有磁朱丸、紫雪散和耳聋左慈丸等。

总的说来，在各个朝代的医药书中常有用磁石治疗多种疾病的记载。

我国先民对磁石的性质研究和利用，是指南针发明和发展的原始基础。事实上，指南针的发明，就是古代先民对磁现象的观察和研究的结果。

拓展阅读

公元前221年，秦始皇统一六国后，在咸阳修造阿房宫。据说，宫中有一座门，是用磁石做的，也叫"却胡门"。

磁石有吸铁的特性，如果有人穿着盔甲或身上暗藏兵器入室，那就会被磁石门吸住，这样，秦始皇住在里面，就不怕有人去暗杀他了。

秦始皇曾经3次遇刺，公元前227年荆轲刺秦；公元前218年博浪沙遇刺；公元前216年"逢盗兰池"，因此他想到一种防范措施。秦始皇利用"磁石召铁"的性能，"以磁石为门"也算是别具匠心的一种创造。

司南的发明及运用

古人把磁石比喻为"慈母"，后人则称它为"吸铁石"或"磁铁"。磁铁的用途很广，早在战国时，就已被人用来做一种指示方向的仪器司南了。

司南是用天然磁铁矿石琢成一个勺形的东西，放在一个光滑的盘上，盘上刻着方位，利用磁铁指南的作用，可以辨别方向，是现在所用指南针的始祖。

　　相传早在5000多年前，黄帝时代就已经发明了指南车，当时黄帝曾凭着它在大雾弥漫的战场上指示方向，战胜了蚩尤。在这个传说中，指南车之说是否确切，还有待考证。然而，利用磁铁的特性制造指南针，却是我国人最早发明的。指南针的发明可以追溯至周代，距今已有2500年至3000年的历史。

　　大约在春秋战国时代，我国古人就已经发现了磁石和它的吸铁性。《韩非子·有度篇》记载：

　　　　先王立司南以端朝夕。

　　这里的"先王"是周王，"司南"就是指南针，"端朝夕"是正四方的意思，是指指南针的用途。

　　春秋时齐国著名政治家管仲在他所著的《管子》一书中有这样记

载："上有慈石者，下有铜金。""慈石"就是磁石，"铜金"就是一种铁矿。可见至少在2600年前的管仲时期，就已经知道磁石的存在，并已掌握了磁石能够吸铁这一性能了。

磁石有两个特性，一是吸铁性；二是指极性。也就是说磁石有两极，能够指示南北。磁石的吸铁特性战国时代的先民都已发现，而发现磁石的指极性欧洲则比我国晚得多。

磁石能指示南北的特性，不太容易被发现。因为一般情况下磁力小、摩擦力大，磁石两极不能自由旋转到南北向。

我国在战国时最早发现了磁石的指极性，并利用磁石能指示方向的性能，制成指南工具司南。司南是我国也是世界上最早的指南针。

司南是用天然磁石制成的，样子像一把汤勺，圆底，可以放在平滑的"地盘"上并保持平衡，而且可以自由旋转。当它静止的时候，勺柄就会指向南方。

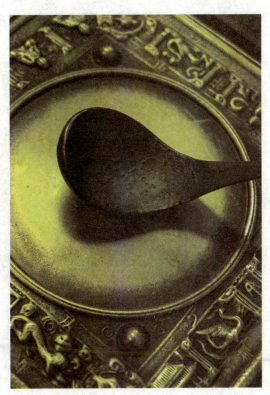

春秋时代，人们已经能够将硬度5度至7度的软玉和硬玉琢磨成各种形状的器具，因此也能将硬度只有5.5度至6.5度的天然磁石制成司南。

东汉时期思想家王充在他的著作《论衡》中，对司南的形状和用法做了明确的记录。

司南是用整块天然磁石经过琢磨制成勺型，勺柄指南极，并使整个勺的重心恰好落到勺底的正中。勺置于光滑的地盘之中，地盘外方内圆，四周刻有干支四维，合成24向。

这样的设计是古人认真观察了许多自然界有关磁的现象，积累了大量的知识和经验，经过长期的研究才完成的。

据史载，司南出现后，有人到山中去采玉，怕迷失路途，就随身带有司南，以辨方向。

司南的出现是人们对磁体指极性认识的实际应用。但司南也有许多缺陷，天然磁体不易找到，在加工时容易因打击、受热而失磁，所以司南的磁性比较弱。

同时，司南与地盘接触处要非常光滑，否则会因转动摩擦阻力过大，而难于旋转，无法达到预期的指南效果。而且司南有一定的体积和重量，携带很不方便，这可能是司南长期未得到广泛应用的主要原因。

拓展阅读

王充是个学识超群的大学问家。

有一天路过街头，见一个道人盘腿而坐，面前放着一尊金佛，黄绫上写着"如来算命"4个字。那道人口里还念念有词。于是决定戳破这个骗局。

第二天王充带了个泥塑金像找到那个老道，佯笑说："请试试这个如来菩萨灵不灵。"老道一愣，慌忙拿起那尊小金佛溜了。

原来，老道的佛像是铁制的，金戒尺则一头是铁，一头是磁石。如要佛像点头，便握铁质的一端，使磁石的一端在佛像头部绕动，则像头随尺而动。

指南针的发明与改进

　　我国指南针的发明经过漫长的岁月。古人在发明了司南之后，不断在进行改进，运用人工磁化方法制成一种新的指南工具指南鱼、指南龟，以及水浮针。

　　指南针作为一种指向仪器，被广泛应用于军事、测量和日常生活之中。其最大的历史功绩，是用于海上导航，而水浮针则是当时最重要的导航工具。后来人们在此基础上发明了罗盘，即将指南针装入有方位的盘中，非常精确，使航海技术得到提高。

　　古人在使用新指南工具的同时，还发现了地磁偏角现象，给后人以极大启发。

司南发明后，古人能够在远行中辨别方向。但司南有局限性，用磁石制造司南，磁极不易找准，而且在琢制的过程中，磁石因受震动而会失去部分磁性。再加上司南在使用时底盘必须放平，体积比较大，所以在使用时，很难令人满意。因此，古人在发明了司南之后，不断地进行改进。

继司南之后，我们的祖先又制成了一种新的指南工具，即指南鱼。北宋时期，农业、手工业和商业都有了新的发展。在这个基础上，我国的科学技术获得了辉煌的成就。宋代时候，我国在指南针的制造方面，跟造纸法和印刷术一样，也有很大的发展。

当时有一部官编的军事著作叫《武经总要》，其中记载：行军的时候，如果遇到阴天黑夜，无法辨明方向，就应当让老马在前面带路，或者用指南车和指南鱼辨别方向。

《武经总要》这部书是在1044年以前写成的。这就是说，在那个时候，我国已经有指南鱼，并且把它应用到军事方面去了。

指南鱼是用一块薄薄的钢片做成的，形状很像一条鱼。它有两寸长，5寸宽，鱼的肚皮部分凹下去一些，可以像小船一样浮在水面上。

钢片做成的鱼没有磁性，所以没有指南的作用。如果要它指南，还必须再用人工传磁的办法，使它变成磁铁具有磁性。

关于怎样进行人工传磁，《武经总要》记载：把烧红的铁片放置在子午线的方向上。铁片烧红后，温度高于磁性转变点时的温度，铁片中的无序状态的磁畴便瓦解而成为顺磁体，蘸水淬火后，磁畴又形成，但在地磁场作用下磁畴排列有方向性，故能指南北。

我国古人发明用人造磁铁做指南鱼，这是一个很大的进步。这说明我国古人很早就已具有相当丰富的磁铁知识了。

就在钢片指南鱼发明后不久，又有人发明了用钢针来指南。这种人工磁化的小钢针，可算是世界上最早制成的真正的指南针了。

北宋时期科学家沈括在《梦溪笔谈》中提到一种人工磁化的方法：技术人员用磁石摩擦缝衣针，就能使针带上磁性。

从现在观点来看，这是一种利用天然磁石的磁场作用，使钢针内部磁畴的排列趋于某一方向，从而使钢针显示出磁性。

这种方法比地磁法简单，而且磁化效果比地磁法好，摩擦法的发明不但世界最早，而且为有实用价值的磁指向器的出现，创造了条件。

关于磁针的装置方法，沈括主要介绍了4种方法：

一是水浮法，就是将磁针上穿几根灯芯草浮在水面，就可以指示方向。

二是碗唇旋定法，就是将磁针搁在碗口边缘，磁针可以旋转指示方向。

三是指甲旋定法，就把磁针搁在手指甲上面由于指甲面光滑，磁针可以旋转自如指示方向。

四是缕悬法，就是磁针中部涂一些蜡，粘一根蚕丝，挂在没有风的地方，就可以指示方向了。

沈括还对4种方法进行比较，他指出，水浮法的最大缺点，水面容易晃动影响测量结果。碗唇旋定法和指甲旋定法，由于摩擦力小，转动很灵活，但容易掉落。

沈括比较推崇的是缕悬法，他认为这是比较理想而又切实可行的方法。沈括指出的4种方法，已经归纳了迄今为止指南针装置的两大体系，即水针和旱针。

另外，由于长江黄河流域一带地磁有大约50度左右的倾角，如水平放置指南鱼，则只有水平方向分量起作用，而以一定角度放入水中，则使鱼磁化的有效磁场强度增大，磁化效果更好。

长江黄河流域一带的地磁倾角，这一现象后来被称为磁偏角。沈括在《梦溪笔谈》第二十四卷中写道，磁针能指南，"然常微偏东，不全南也"。

这是世界上现存最早的磁偏角记录。在西方，直至1492年哥伦布在横渡大西洋时才发现磁偏角这一现象，比沈括晚了400多年。

磁偏角是指磁针静止时，所指的北方与真正北方的夹角。各个地方的磁偏角不同，而且，由于磁极也处在运动之中，某一地点磁偏角会随之而改变。

在正常情况下，我国磁偏角最大可达6度，一般情况为两三度。东经25度地区，磁偏角在一两度之间；北纬25度以上地区，磁偏角大于2度；若在西经低纬度地区，磁偏角是5度至20度；西经45度以上，磁偏角为25度至50度。毫无疑问，沈括对磁偏角的发现与认识启发了后人。

南宋学者陈元靓在《事林广记》中介绍了另一类指南鱼和指南龟的制作方法。

这种指南鱼与《武经总要》一书记载的不一样，是用木头刻成鱼形，有手指那么大。木鱼腹中置入一块天然磁铁，磁铁的S极指向鱼头，用蜡封好后，从鱼口插入一根针，就成为指南鱼。将其浮于水面，鱼头指南，这也是水针的一类。

指南龟也是南宋时期流行的一种装置，将一块天然磁石放置在木刻龟的腹内，在木龟腹下方挖一光滑的小孔，对准并放置在直立于木板上的顶端尖滑的竹钉上，这样木龟就被放置在一个固定的、可以自由旋转的支点上了。由于支点处摩擦力很小，木龟可以自由转动指南。

这种木头指南鱼和指南龟，很可能是一些懂得方术的方士创造的，做成以后只是用来变戏法。所以《事林广记》的作者，把它们当作"神仙幻术"了。当时它并没有用于航海指向，而用于幻术。但是这就是后来出现的旱罗盘的先驱。

人工磁化方法的发明，对指南针的应用和发展起了巨大的作用，在磁学和地磁学的发展史上也是一件大事。

拓展阅读

北宋时期科学家沈括的科学成就是多方面的。

他提倡的新历法，与今天的阳历相似；记录了指南针原理及多种制作法，发现地磁偏角的存在，阐述凹面镜成像的原理，对共振等规律加以研究；他对于有效的药方，多有记录，并有多部医学著作；他创立"隙积术"和"会圆术"；他对冲积平原形成、水的侵蚀作用等都有研究，并首先提出石油的命名。

此外，他对当时科学发展和生产技术的情况，如毕昇发明的活字印刷术、金属冶炼的方法等皆详为记录。

指南针与罗盘一体化

　　要确定方向，除了指南针之外，还需要有方位盘相配合。最初使用指南针时，可能没有固定的方位盘，随着生产生活的需要，出现了磁针和方位盘一体的罗盘。

　　指南针与罗盘的结合，是我国古代利用磁针的一大进步，使指南针的使用功能更加健全。

在指南针发明以前，我国古人很早就用罗盘来分辨地平方位。

罗盘的发明和应用，是人类对宇宙、社会和人生的奥秘不断探索的结果。罗盘上逐渐增多的圈层和日益复杂的指针系统，代表了人类不断积累的实践经验。

我国古人认为，人的气场受宇宙的气场控制，人与宇宙和谐就是吉，人与宇宙不和谐就是凶。

于是，人们凭着经验把宇宙中各个层次的信息，如天上的星宿、地上以五行为代表的万事万物、天干地支等，全部放在罗盘上。

罗盘是风水师的工具，可以说是风水师的饭碗。尽管风水学中没有提到磁场的概念，但是罗盘上各圈层之间所讲究的方向、方位、间隔的配合，却暗含了磁场的规律。风水师通过磁针的转动，寻找最适合特定人或特定事的方位或时间。

在古代，如果一个风水从业人员，不管是名师也好，或是新入道的风水学徒，如果没有接受师之衣钵，就不具备师承之关键技术秘术，通常不具备嫡传传承资格。

当然，这些经验是否全面和正确还有待于进一步研究，但是罗盘上所标示的信息却蕴含了先民大量古老智慧。

罗盘由三大部分组成，分别是天池、内盘和外盘。每一个部分都有不同的功能和用途。

天池也叫"海底"，就是指南针。罗盘的天池由顶针、磁针、海底线、圆柱形外盒、玻璃盖组成，固定在内盘中央。

圆盒底面的中央有一个尖头的顶针，磁针的底面中央有一凹孔，磁针置放在顶针上。指南针有箭头的那端所指的方位是南，另一端指向北方。

天池的底面上绘有一条红线，称为"海底线"，在北端两侧有两个红点，使用时要使磁针的指北端与海底线重合。

内盘就是紧邻指南针外面那个可以转动的圆盘。内盘面上印有许多同心的圆圈，一个圈就叫一层。各层划分为不同的等份，有的层格子多，有的层格子少，最少的只分成8格，格子最多的一层有384格。每个格子上印有不同的字符。

外盘为正方形，是内盘的托盘，在四边外侧中点各有一小孔，穿入红线成为天心十道，用于读取内盘盘面上的内容。天心十道要求相互垂直，刚买的新罗盘使用前都要对外盘进行校准才能使用。

罗盘有很多种类，层数有的多，有的少。最多的有52层，最少的只有5层。各派风水术都将本派的主要内容列入罗盘上，使我国的罗盘成了我国古代术数的大百科全书。

随着加工业的发展，至唐代，指南针的测量精度发生了质的变化。

唐僖宗期间国师杨筠松将八卦和十二地支两大定位体系合而为一，并将甲、乙、丙、丁、戊、己、庚、辛、壬、癸十天干除了表示中宫位置的戊、己二干外，全部加入地平方位系统，用于表示方位。

于是，地平面周天360度均分为24个等份，叫作"二十四山"，而每山占15度，三山为一卦，每卦占45度。

二十四山从唐代创制后，一直保留至现在。所以，地盘二十四山是杨盘的主要层次之一。

北方三山壬、子、癸，后天属坎卦，先天属坤卦；东北三山丑、艮、寅，后天属艮卦，先天属震卦；东方三山甲、卯、乙，后天属震卦，先天属离卦；东南三山辰、巽、巳，后天属巽卦，先天属兑卦；南方三山丙、午、丁，后天属离卦，先天属乾卦；西南三山未、坤、申，后天属坤卦，先天属巽卦；西方三山庚、酉、辛，后天属兑卦，先天属坎卦；西北三山戌、乾、亥，后天属乾卦，先天属艮卦。

地盘二十四山盘是杨筠松创制的，杨筠松之前没有完整的二十四山盘，只有八卦盘和十二地支盘。

杨筠松将其重新安排，把八卦、天干、地支完整地分配在平面方位上，是一个划时代的创造。地盘二十四山的挨星盘，即"七十二龙盘"，是杨筠松晚年创制的。

杨筠松通过长期的堪舆实践发现，阴阳五行普遍存在于四面八方，阴阳五行的分布按照八卦五行属性来确定与实际情况不符，原来的方法过于粗糙。他通过反复研究，为十二地支配上天干，用纳音五行来表达五行属性，称为"颠颠倒五行"。

杨筠松作为赣南杨筠松风水术的祖师，不但创造了完整的风水理论，对风水术的工具罗盘也进行了合理的改造。

天盘也是杨筠松创制的。杨筠松在堪舆实践中发现，用地盘纳水有较大的误差，根据天道左旋，地道右旋的原理，创制了天盘双山。罗盘中只有天盘是双山，其他盘是没有双山的。

古人认为，龙是从天上来的，属于天系统，为阳；水在地中流，属于地系统，为阴。由于天地左右旋相对运动而产生的位移影响，所以天盘理应右移，故杨筠松将其在地盘的方位上向右旋转移位7.5度。

宋代引进二十八宿天星五行，增设了人盘，又叫作"赖盘"，专用于消砂出煞。人盘二十四山比地盘二十四山逆时针旋转了7.5度。

要确定方向除了指南针之外，还需要有方位盘

相的配合。方位盘依然是24向,但是盘式已经由方形演变成圆形。这样一来只要看一看磁针在方位盘上的位置,就能断定出方位来。

南宋时期,曾三异在《因话录》中记载了有关这方面的文献:"地螺或有子午正针,或用子午丙壬间缝针。"这是有关罗经盘最早的文献记载。文献中说的"地螺",就是地罗,也就是罗经盘。文献中已经把磁偏角的知识应用到罗盘上。

这种罗盘不仅有子午针,即确定地磁场南北极方向的磁针,还有子午丙壬间缝针,即用日影确定的地理南北极方向。这两个方向之间的夹角,就是磁偏角。

罗盘实际上就是利用指南针定位原理用于测量地平方位的工具,指南针是测量地球表面的磁方位角的基本工具,广泛用于军事、航海、测绘、林业、勘探、建筑等各个领域。

拓展阅读

指南针与罗盘结合在一起使用后,给各个领域带来了便利。以航海为例,宋代时,我国与日本列岛、南洋群岛、阿拉伯各国的交往很密切。这些海上交通的扩大,与指南针的应用息息相关。

元代航海中也广泛应用罗盘。明代的《东西洋考》中说:船出河口,进入茫茫大海,波涛连天,毫无岸边标志可循,这时就只好"独特指南针为导引"了。由此可见,罗盘上的小小磁针,对于海上航行是多么重要。

指南针的运用与传播

根据古书记载，最晚在北宋时期，我国已经在海船上应用指南针了。从此，人们才具备了全天候的航行能力，才真正走向宽广的海洋。随着我国海外贸易日益频繁，宋代时我国商船常搭载有阿拉伯人，这些阿拉伯人在船上学会了使用指南针，从而将我国的指南针传到西亚、西方等国。

我国不但是世界上最早发明指南针的国家，而且是最早把指南针用在航海事业上的国家。这件事在人类文化史上有非常重要的意义。

我国的海上交通，很早就已经开始了。秦汉时期以后，我国的航海事业逐渐发达起来。

东晋时期，有个有名的和尚法显，曾经走海路到过印度，他还写过一本《佛国记》。根据《佛国记》的记载，那时候一艘海船大约可以乘坐200多人。

至唐代，海船有的长达20丈，可以乘坐六七百人，可见规模之大。当时，我国海船的活动范围，东起广州，西至波斯湾，是南洋各国之间海上运输的重要力量。

838年，日本和尚圆仁来我国求法，后来写有《入唐求法巡礼行记》一文，描述了在海上遇到阴雨天气的时候混乱而艰辛的情景。

当时，海船的航向无法辨认，大家七嘴八舌，有的说向北行，有的说向西北行，幸好碰到一个波绿海浅的地方，但是也不知道离陆地有多远，最后只好沉石停船等待天晴。

由此可见，在指南针发明以前，在大海里航行是多么困难。

白茫茫的一片大海，天连水，水连天，很难找到什么目标。白天可以看太阳出没来辨别航行的方向，晚间可以看北极星。阴天下雨时假如行错了方向则很危险。指南针的发明解决了这个问题。

在指南针用于航海之后，不论天气阴暗，航向都可辨认。史籍中最早记载到指南针用于航海的是在北宋时期。

指南针发明后很快就应用于航海。世界上最早记载指南针应用于航海导航的文献，是北宋时期的地理学家朱彧所著的《萍洲可谈》。

朱彧的父亲朱服于1094年至1102年任广州高级官员，他追随其父在广州住过很长时间。《萍洲可谈》一书记录了他在广州时的见闻。

当时广州是我国和海外通商的大港口，有管理海船的市舶司，有供海外商人居留的蕃坊，航海事业相当发达。《萍洲可谈》记载着广州蕃坊、市舶等许多情况，记载了我国海船上很有航海经验的水手。

朱彧在《萍洲可谈》一书中详细评述了当时广州航海业兴旺的盛况，同时也记述了我国海船在海上航行的情形，说道："舟师识地理，夜则观星，昼则观日，阴晦观指南针。"

《萍洲可谈》记载，当时海船上的人为了辨认地理方向，晚上看星辰，白天看太阳，阴天落雨就看指南针。

当时，海上航行还只是在日月星辰见不到的日子里才用指南针，这是由于人们对靠日月星辰来定位有1000多年的经验，而对指南针的使用还不很熟练。

当时舟师已能掌握在海上确定海船位置的方法，说明我国人民在航海中已经知道使用指南针了。

这是全世界航海史上使用指南针的最早记载，我国古代人首创的这种仪器导航方法，是航海技术的重大革新。指南针应用于航海并不排斥天文导航，两者可配合使用，这更能促进航海天文

知识的进步。

至南宋，我国使用指南针导航不久，在南宋时期被阿拉伯海船采取，并经阿拉伯人把这一伟大发明传至欧洲。南宋时期，我国的海船一直开至阿拉伯，和阿拉伯人做生意，阿拉伯人到我国来的也很多，而且大多是乘我国船来的。阿拉伯人看到我国船都用指南针，也学会了制造指南针的方法，并把这个方法传到了欧洲。

指南针由海路传入阿拉伯，又由阿拉伯人传播到西方。欧洲人对指南针加以改造，把磁针用钉子支在重心处，尽量使支点的摩擦力减小，让磁针自由转动。

由于磁针有了支点，不再需要漂浮在水面之上，这种经过改造的指南针就更加适宜于航海的需要。大约在明代后期，这种指南针又传回我国。

根据南宋时期吴自牧《梦粱录》的记载，当时航海的人已经用针盘航行。这就说明当时指南针和罗盘已经结合在一起了。

吴自牧在他所写的《梦粱录》中说道："风雨冥晦时，惟凭针盘

而行，乃火长掌之，毫厘不敢差误，盖一舟人命所系也。"由此也可以看出指南针在航海中的地位和作用。

这种罗盘，有用木做的，也有用铜做的，盘的周围就刻上东南西北等方位。人们只要把指南针所指的方向，和盘上所刻的正南方位对准，就可以很方便地辨别航行的方

向了。

至元代，指南针一跃而成海上指航的最重要仪器了，不论冥晦阴暗，都利用指南针来导航。而且这时海上航行还专门编制出罗盘针路，船行到什么地方，采用什么针位，一路航线都一一标志明白。

元代的《海道经》和《大元海运记》里都有关于罗盘针路的记载。

元代学者周达观写的《真腊风土记》里，除了描述海上见闻

外，还写道海船从温州开航，"行丁未针"。这是由于南洋各国在我国南部，所以海船从温州出发要用南向偏西的丁未针位。

明代著名的航海家郑和七次下西洋时，郑和领导的船队，共有2.7万多人，乘坐大船60多艘，这些大船称为宝船。最大的宝船，长40丈，阔18丈，是当时海上最大的船只。这些船上就有罗盘针和航海图，还有专门测定方位的技术人员。

郑和这样大规模的远海航行之所以安全无虞，完全依赖指南针的忠实指航。

郑和的巨舰，从江苏刘家港出发到苏门答腊北端，沿途航线都标有罗盘针路，在苏门答腊之后的航程中，又用罗盘针路和牵星术相辅而行。指南针为郑和开辟我国到东非航线提供了可靠的保证。

　　郑和7次下西洋，扩大了我国的对外贸易，促进了东西方的经济和文化交流，加强了我国的国际政治影响，增进了我国同世界各民族的友谊，为中外交流作出了卓越的贡献。

　　指南针的运用，使人们获得了全天候的航行能力，开创了人类航海的新纪元。人类第一次能在茫茫无际的浩瀚海洋上自由地驰骋，指南针也因此被喻为"水手的眼睛"。

　　指南针传到世界各国以后，把航海事业推进到了一个新的时代，促进了各国之间的经济贸易和文化交流。各国也都用指南针来帮助航海了。正因为指南针起的作用很大，所以人们把它列为我国古代的四大发明之一。

　　英国近代生物化学家，著名的科技史专家李约瑟指出："指南针的应用是原始航海时代的结束，预示着计量航海时代的来临。"

拓展阅读

　　我国的指南针技术传入欧洲后，推动了欧洲航海事业的发展。就世界范围来说，指南针在航海上的应用，导致了以后哥伦布大约在1451年至1506年对美洲大陆的发现，也促成了麦哲伦大约在1480年至1521年的环球航行。

　　可以说，指南针的使用，大大加速了世界经济发展的进程，为资本主义的发展提供了必不可少的前提。15世纪末至16世纪初，欧洲各国航海家纷纷将指南针用于航海，他们不断探险，开辟新航路。马克思曾这样说过："指南针打开了世界市场，并建立了殖民地。"

黑火药

　　黑火药是我国古代四大发明之一。黑火药是在适当的外界能量作用下，自身能进行迅速而有规律的燃烧，同时生成大量高温燃气的物质。火药最初主要用于医药和娱乐表演，后来才用于军事。

　　自我国的炼丹家发明了火药之后，各种利用火药的军事武器开始陆续出现。火药和火药武器的广泛使用，是世界兵器史上的一个划时代的进步，对人类历史的演进产生了很大影响。在黑火药兵器时代，火炮以其强大的爆破力被誉为"战神"。

炼丹术与火药的诞生

火药，是我国古代的四大发明之一，最初是方士在炼丹过程中发明的。

在很久以前，我国古代的炼丹家们便对组成火药的木炭、硝石、硫磺这3种物质有了一定认识。

古代炼丹家在长期的炼丹中，将硝石、硫磺、雄黄和松脂、油脂、木炭等材料不断地混合、煅烧，这就使火药的发明成为了必然。

黄帝是中华民族的始祖，深受百姓的爱戴。后来由于年事渐高，精力日衰，就想去追求一种长生不老的境界，于是拜仙翁容成子为师，跟随他学道炼丹，求长生不老之术。

容成子对他说："修道炼丹，一定要选择灵山秀水，丹药才能炼成。"

于是黄帝就跟随容成子外出寻找炼丹胜地。

他们跋山涉水，遍历五岳三山，最后选定了黄山。从此以后，他就和容成子同住此山炼丹。他们每天伐木烧炭，采药煮石，不管刮风下雨，从不间断。

丹药必须反复炼9次，才能炼成，这叫"九转还丹"。他们炼了一次又一次，越炼难度越大，但黄帝的决心也越大。经过多年，那闪闪发亮的金丹终于炼成了。黄帝服了一粒，顿觉身轻如燕。

就在这时，黄山的崖隙间，突然流出了一道红泉，热气熏蒸，香气扑鼻。于是容成子让黄帝到这红泉中沐浴。

黄帝在红泉中连浸了七天七夜，全身的老皱皮肤都随水漂去，他完全像换了一个人似的，看上去满面红光，青春再现。

黄帝炼丹成仙只是传说，但我国炼丹之术却由来已久，而恰恰就是炼丹术为火药的发明奠定了基础。

配制成火药需要木炭、硫磺和硝石。其实，我国古人对这三种原料的认识经历了一个漫长的过程。

在新石器时期，人们在烧制陶器时就认识了木炭，把它当做燃料。木炭灰分比木柴少，温度高，是比木柴更好的燃料。商周时期，人们在冶金中广泛使用木炭。

硫磺是天然存在的物质，很早人们就开采利用它了。在生活和生产中经常接触到硫磺，如温泉会释放出硫磺的气味，冶炼金属时，逸出的二氧化硫刺鼻难闻，这些都会给人留下印象。

古人掌握最早的硝石，可能是墙角和屋根下的土硝。硝的化学性质很活泼，能与很多物质发生反应，它的颜色和其他一些盐类区别不大，在使用中容易搞错，在实践中人们掌握了一些识别硝石的方法。

硝石的主要成分是硝酸钾。南北朝时期的陶弘景《草木经集注》中就说过："以火烧之，紫青烟起，云是硝石也。"这和近代用火焰反应鉴别钾盐的方法相似。

硝石和硫磺一度被作为重要的药材。在汉代问世的《神农本草经》中，硝石被列为上品中的第六位，认为它能治20多种病；硫黄被列为中品药的第三位，也能治10多种病。这样，人们对硝石和硫黄的研究就更为重视。

虽然人们对木炭、硫磺、硝石的性质有了一定的认识，但是硝石、硫磺、木炭按一定比例放在一起制成火药还是炼丹家的功劳。

我国古代黑火药是硝石、硫磺、木炭以及辅料砷化合物，油脂等粉末状均匀混合物，这些成分都是我国炼丹家的常用配料。把这种混合物叫作"药"，也揭示着它和我国医学的渊源关系。

炼丹术起源很早，《战国策》中已有方士向西汉时期开国功臣刘贾献不死之药的记载。汉武帝也奢望"长生久视"，向民间广求丹药，招纳方士，并亲自炼丹。

从此，炼丹成为风气，开始盛行。历代都出现炼丹方士，也就是所谓的炼丹家。炼丹家的目的是寻找长生不老之药，但这样的目的是不可能达到的。

炼丹术流行了1000多年，最后还是一无所获。但是，炼丹术所采用的一些具体方法还是有可取之处的，它显示了化学的原始形态。

炼丹术中很重要的一种方法就是火法炼丹。它直接与火药的发明有关系。所谓"火法"炼

丹是一种无水的加热方法，晋代葛洪在《抱朴子》中对火法有所记载。

火法大致包括：煅，就是长时间高温加热；炼，就是干燥物质的加热；灸，就是局部烘烤；熔，就是熔化；抽，就是蒸馏；飞，又叫升，就是升华；优，就是加热使物质变性。

这些方法都是最基本的化学方法，也是炼丹术这种职业能够产生发明的基础。

炼丹家的虔诚和寻找长生不老之药的挫折，使得炼丹家不得不反复实验和寻找新的方法。这样就为火药的发明创造了条件。

在发明火药之前，炼丹术已经得到了一些人造的化学药品，如硫化汞等。这可能是人类最早用化学合成法制成的产品之一。

据宋代类书《太平御览》记载，春秋时期的"范子计然曰：消石出陇道"，以及"石硫磺出汉中"，可见我国使用硝石和硫磺是很早的。至汉代，炼丹家已经开始使用硝石。《淮南子·天文训》记载："日夏至而流黄译。"

上述史载都说明，包括硝石在内的原料，由于其强氧化性使火法反应进行激烈，在当时还没有很好地驯服它，掌握它。

以东汉炼丹理论家魏伯阳到东晋著名炼丹家葛洪，炼丹术方兴未艾，炼丹著作由《周易参同契》中的"火记六百篇"至《抱朴子·内篇·金丹》中的"披涉篇卷，以千计矣"。这一段时间内，有许多炼丹家在进行试验。

硝石炼雄黄，应该得到氧化砷。葛洪记载的三物炼雄黄的成功例子，是引入了松脂、猪大肠等有机物，可使氧化砷还原为砷单质。但仍然要控制温度，超过一定温度，就会起火爆炸。

古代没有温度计，必定有超过的时候，也就是制炼单质砷有成功，也有失败的时候，后一情况正是火药产生的萌芽。后来的火药成分，也是积极利用这一实验现象的结果。

炼丹家虽然掌握了一定的化学方法，但是他们的方向是求长生不老之药，因此火药的发明具有一定的偶然性。炼丹家对于硫磺、砒霜等具有猛毒的金石药，在使用之前，常用烧灼的办法伏一下。"伏"是降伏的意思，使毒性失去或减低，这种工序称为"伏火"。

唐代初期的名医兼炼丹家孙思邈在"丹经内伏硫磺法"中记载：硫磺、硝石各二两，研成粉末，放在销银锅或砂罐子里。掘一地坑，放锅子在坑里和地平，四面都用土填实。把没有被虫蛀过的3个皂角逐一点着，然后夹入锅里，点燃硫磺和硝石，一起烧焰火。

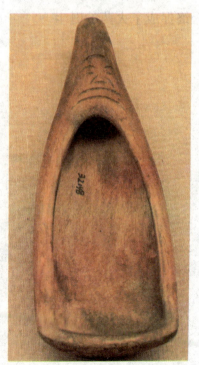

等烧不起焰火了，再拿木炭来炒，炒到木炭消去1/3就退火，趁还没冷却，取入混合物，这就伏火了。

唐代中期有个名叫清虚子的，在"伏火矾法"中提出了一个伏火的方子："硫二两，硝二两，马兜铃三钱半。右为木，拌匀。掘坑，入药于罐内与地平。将熟火一块，弹子大，下放里内，烟渐起。"

他用马兜铃代替孙思邈方子中的皂角，这两种物质代替炭起燃烧作用的。

伏火的方子都含有碳素，而且伏硫磺要加硝石，伏硝石要加硫磺。这说明炼丹家有意要使药物引起燃烧，以去掉它们的猛毒。虽然炼丹家知道硫、硝、炭混合点火会发生激烈的反应，并采取措施控制反应速度，但是因药物伏火而引起炼丹房失火的事故时有发生。

唐代炼丹者已掌握了一个很重要的经验，就是硫、硝、炭3种物质可以构成一种极易燃烧的药，这种药被称为"着火的药"，即火药。

由于火药的发明来自制丹配药的过程，在火药发明之后，曾被当做药类。《本草纲目》中就提到火药能治疮癣、杀虫，辟湿气、瘟疫等。火药没有解决长生不老的问题，但炼丹家对火药原料的研究，最终促成了火药的诞生。

拓展阅读

宋代人编写过一部大型类书《太平广记》。类书是辑录各门类或某一门类的资料，并依内容或字、韵分门别类编排供寻检、征引的工具书。其中记载了这样一个故事：

隋代初年，有一个叫杜春子的人去拜访一位炼丹老人。当晚住在那里。这天夜里，杜春子梦中惊醒，看见炼丹炉内有"紫烟穿屋上"，顿时屋子燃烧起来。

原来，他和炼丹老人在配置易燃药物时疏忽，因而引起了火灾，造成很大损失。《太平广记》一书告诫炼丹者要防止这类事故发生。

黑色火药的最初应用

我国发明的火药的最初使用并非在军事上，而是用在节日庆祝时候的娱乐表演上。

火药在娱乐表演上的应用，主要是放爆竹、放烟火，以及杂技演出中的烟火杂技和表演幻术等。举行这些娱乐活动的方式和规模，历史上各个时代都不一样。

火药被引入医学后，成为药物，用于治疗疮癣，以及杀虫、辟湿气瘟疫。

　　清乾隆年间，北京圆明园以西有座名叫"山高水长"的楼阁，楼前有宽阔场地，宜于施放烟火。在每年重要传统节日，皇宫文武百官就在这里观赏烟火。

　　乾隆皇帝观赏烟火的御座设在山高水长楼的第一层。在观赏烟火时，当乾隆皇帝在欢乐声中就座以后，晚会旋即开始。

　　首先是文艺节目，有乐队合奏、摔跤表演、射击演练、外国艺术家演唱等。

　　文艺节目结束后，乾隆帝亲自宣布烟火戏开始，各木桩上的合子花引药线同时引燃。顷刻间，只见无数条金蛇风驰电掣，奇妙的焰火光芒耀眼，万朵奇花次第盛开，夜空流光溢彩，如同白昼。

　　接着，身穿貂皮蟒袍的御前侍卫每人手持合子花，连接燃放，合子内跃出各类人物和花鸟，活灵活现。

　　当最后一个合子花"万国乐春台"燃烧时，布置在西厂沿河一线的所有花炮同时点着，顿时万响爆竹齐发，汇成烟花怒放的海洋。

其实，火药在研制发明过程中，它的实际应用先是被用于医疗，然后被用于娱乐和表演，后来才扩展到军事领域。

烟火又称"烟花"、"焰火"、"花炮"等。节日放烟火在我国有着悠久的历史传统，在新春、元宵或逢重大喜庆节日时，各式各样的烟花如火树银花、鱼龙夜舞。

世界上最早的烟火记载当属西汉时期《淮南子》中"含雷吐火之术，出于万毕之家"的说法。这便是后来烟花的雏形。这类烟火，火药剂用量非常少，但足以供炫耀表演幻术之用。

在隋代时，烟火的制作方法已经变得更加复杂，成为宫廷娱乐中御用的新鲜玩意儿。后来的宋代人高承在《事物纪原》中认为："火药杂戏，始于隋炀帝。"

唐代是我国封建社会发展的鼎盛时期，在这段时期，真正意义上的火药出现了。

唐代京都长安元夕烟火十分壮观，当时的烟火表演已经形成了一定的规模。不过，由于唐代的火药制作工艺相对落后，烟花并没有普及，而爆竹工业却得到了突飞猛进的发展。

唐代"燃竹驱祟"的方法很普遍。唐代开始有了火药，人们把硝磺填入竹筒中引火燃烧，其爆裂的响声更大，威力更强。

据传，唐代的李畋就是制作硝磺爆竹的始作俑者，民间称他为"花炮始祖"。唐代人所撰《异闻录》对李畋其人有过记载。

李畋的驱祟办法，不是简单地"用真竹箸火爆之"，而是使用了"硝磺爆竹"，所以才把它当作一件新鲜事而记载下来。硝磺爆竹是爆竹的雏形，这也是"爆竹"一词最初的来历。

根据史学家的考证，从远古至先秦，从汉代至南北朝，再至唐代初期所谓"爆竹"，都还不是用火药为原料制造的，只有到了唐代的李畋时期，用火药为原料的爆竹才开始出现。不过，这还不是纸卷火药的爆竹，而是用真竹填硝磺制作的。

正如清代人翟灏在《通俗篇》中写道：

古时爆竹，皆以真竹箸火爆之，故唐人诗也称爆竿。后人卷纸为之，又曰爆仗。

翟灏这段话，言简意赅地表达了我国爆竹发明的来龙去脉。

至北宋时期，烟火文化粗具规模，已经出现了烟火专业作坊和烟火技艺师，烟火技艺经过发展衍化日臻成熟。

艺人们用竹片扎成卷筒，或扎成人或物，将纸卷裹烟火药剂，用引线点燃，在地上、水上乃至低空幻化为各种五彩缤纷的形象。这种娱乐方式，是民俗节日、戏曲文化娱乐中不可缺少的部分。

宋代皇帝也很欣赏烟火、爆仗与戏曲融为一体的联袂表演。南宋乾道、淳熙年间，皇宫在重大节日前总要买进爆竹烟火。

每当元月十六之夜，烟火灯彩令汴京成为了一座不夜城。繁华景象让人向往而流连忘返。游人能在临安观赏到"烟火、起轮、流星、水爆"等表演。

《后武林旧事》记载有宋孝宗观看海潮放烟火的情景，书上说：宋孝宗观看八月十八的钱塘江大潮，水军演习时，点放5种色彩的烟炮，等到烟花燃烧的烟散去后，江上已经看不到一艘船了。由此可见，当时的烟火表演规模是十分宏大的。

辛弃疾是南宋时期著名词人，他曾经写过一首词《青玉案·元夕》，其中有一句描绘元夕夜灯彩烟火的名句："东风夜放花千树，更吹落，星如雨。"

这句话把火树写成固定的灯彩，把"星雨"写成流动的烟火。烟火不但吹开地上的灯花，而且还从天上吹落了如雨的彩星，先冲上云霄，而后自空中而落，好似陨星雨。

令人读后充满想象：东风还未催开百花，却先吹放了元宵节的火树银花。

烟火在元代杂剧与诗文中也不乏描写，最有名的数元代书画家赵孟頫《赠放烟火者》一诗，其中有一句"人间巧艺夺天工，炼药燃灯清昼同"，诗人观赏了各色烟火，感到美不胜收，以"巧夺天工"称誉烟火技艺师，确实是恰如其分。

明代烟火文化最丰富，虽然当时的烟火还是以单个施放居多，但烟火名目繁多，而且多以花卉命名。同时，明代烟火技艺的高超发达，在世界工艺史上堪称一大创造发明。

明代官员沈榜曾详尽披露燕城即现在福建省永安市烟火的制作方法："用生铁粉杂硝、磺灰等为玩具，其名不一，有声者曰响炮，高起者曰起火，起火中带炮连声者曰三级浪，不响不起旋绕地上者曰地老鼠。"

明代还发明了更为复杂的烟火戏，即利用火药燃烧的力量推出一些小型木偶运动，甚至还演出一折折故事情节。

后来，明代中叶又创新了合子花，这种烟花方便保管、便于运输，使用灵活，成为清代高档烟花中的主要品种。还出现在水中燃放的，那是制成防水型的各类水鸟形状。

明代的烟火戏技艺为现代火箭复杂程序的设计提供了实用参考模式。现代火箭复杂程度的设计原理，脱胎于明代烟火戏技艺，两者都

是利用燃烧速度控制程序。

经过数代人的不懈努力、沿革，至清代，烟火技艺已经更加精妙，几达炉火纯青的境界。

清时已有作坊场所制造各色烟火，竞巧争奇，有盒子、烟火杆子，线穿牡丹、水浇莲、葡萄架、旗火、二踢脚、飞天十响、五鬼闹判官、匣炮、天花灯等种类。还有炮打襄阳、火烧战船等，展示出两军交战拼杀、炮箭交驰的场景，令人惊心动魄，眼花缭乱。

清代宫廷喜庆烟花规模庞大，场面壮观，代表了当时烟火设计、生产、演技的最高水平。

每年从正月十三至十九，连续几夜燃放，正月十九晚是放烟火的高潮，内廷王公大臣、在京外国贵宾均被特邀观赏。

清代的京城固然是烟火繁盛的地方，但南方的苏州城也毫不逊色。城郊、乡村社庙元宵烟火会，保存了朴实的民俗活动风貌，别有一番节日的热闹和欢喜。老百姓们在这一段时间倾家出动，赶赴社庙烟火会。

春节期间，大凡宾客进门、出门，人们都要以鞭炮欢迎欢送，皇帝更是讲究。

民间虽然没有这样在举步之间燃放鞭炮的习俗，但春节期间头一次来家拜年的亲人或朋友，主人家也要鸣放鞭炮，用来表示对客人的尊敬和祝福。尤其是对春节时拜访岳丈的新女婿和外孙、外孙女，鞭炮放得更为热烈、喜庆。

于是，鞭炮把寒冷的冬天煽动得热闹而富有亲情，如温暖的春风沁人心脾，使人备感惬意。

拓展阅读

唐代的李畋天资聪慧，随父练就一身好武艺，曾被多处聘为武术总教习。他的父母去世以后，便搬到了狮形山上，与采药人仲叟为伴。

一天，两人上山采药，偶遇风雨，回家后，仲叟一病不起。乡人言称为山魈邪气实为瘴气作怪，将危害一方。

李畋十分焦急，突想到父亲曾说燃竹可壮气驱邪，即试之，颇具声色，但爆力不足，他便大胆地在竹节上钻一小孔，将硝药填入，用松油封口引爆，效果极佳。

乡邻们纷纷效仿，一时山中爆声四起，清香扑鼻，瘴气消散，仲叟亦病愈。

火药在军事上的应用

在火药发明之前，攻城守城常用一种抛石机抛掷石头和油脂火球，来消灭敌人；火药发明之后，利用抛石机抛掷火药包以代替石头和油脂火球。

根据史料记载，唐朝末年开始运用于军事，到宋代已经广泛应用于战争，主要有突火枪、火箭、火炮等。

自从火药被用于军事后，对战争的胜负产生了极其深远的影响。

万户是明代人，他热爱科学，尤其对火药感兴趣，想利用这种具有巨大能量的东西，将自己送上蓝天，去亲眼观察高空的景象。为此，他做了充分的准备。

1483年的一天，万户手持两个大风筝，坐在一辆捆绑着47支火箭的蛇形飞车上。然后，他命令他的仆人点燃第一排火箭。

只见一位仆人手举火把，来到万户的面前，心情非常沉痛地说道："主人，我心里很害怕。"

万户问道："怕什么？"

那仆人接着说："倘若飞天不成，主人的性命怕是难保。"

万户仰天大笑，说道："飞天，乃是我中华千年之夙愿。今天，我纵然粉身碎骨，血溅天疆，也要为后世闯出一条探天的道路来。你不必害怕，快来点火！"

仆人们只好服从万户的命令，举起了熊熊燃烧的火把。只听"轰！"的一声巨响，飞车周围浓烟滚滚，烈焰翻腾。顷刻间，飞车已经离开地面，徐徐升向半空。

地面上的人群发出欢呼。紧接着，第二排火箭自行点燃了，飞车继续飞升。

突然，横空一声爆响，只见蓝天上万户乘坐的飞车变成了一团火，万户从燃烧着的飞车上跌落下来，手中还紧紧握着两支着了火的巨大风筝，摔在万家山上。这样，勇敢的万户长眠在鲜花盛开的万家山。当然，他进行的飞天事业停止了。

万户乘坐火箭飞天，承载了人类的飞天梦想。他开创的飞天事业，得到了世界的公认。

事实上，火药发明后，经进一步研究和推广，在军事上得到了广泛应用。据宋代史学家路振的《九国志》记载，唐哀帝时，郑王番率军攻打豫章，即今江西省南昌，"发机飞火"，烧毁该城的龙沙门。这可能是有关用火药攻城的最早记载。

至两宋时期，火药武器发展很快。据《宋史·兵记》记载，970年兵部令史冯继升进献火箭法，这种方法是在箭杆前端缚火药筒，点燃后利用火药燃烧向后喷出的气体的反作用力把箭镞射出，这是世界上最早的喷射火器。

冯继升的祖父是一个炼丹家，冯继升从小就在火药堆中长大，他最初制成类似现在的鞭炮之类的物品，以供玩耍。后来渐渐发现火药的膨胀力足以使房屋炸毁。

经过慢慢地摸索，发明了火箭。这种火箭是把火药绑在箭头上，用引线点着后射向敌人。引起大火而烧杀敌人或粮草等。

冯继升把此方法献给当时的皇帝，皇帝大悦，遂封给冯继升一个专门监督制造火箭的中级官职。

冯继升上任后，曾为北宋朝廷立下了汗马功劳，受到皇帝的嘉奖。

宋太祖灭南唐时，曾经使用过用弓弩发射的火箭和用火药抛射的火炮，正是因为改用装有火药的弹丸来代替石头。

原来古代人打仗，距离近了用刀枪，远了用弓箭，后来还用抛石机，把大石球抛出去，打击距离较远的敌人。

抛石机大约在我国春秋末期就出现了。《范蠡兵法》中记载："飞石重十二斤，为机发射二百步。"

抛石机就是最初的炮，炮就是抛的意思，最早抛的是石头，所以是"石"字旁。至于"火"字旁的"炮"字，本来指一种烹饪的方法，或者一种制药的方法。把这个"炮"字也作为武器的名词来用，那是用了火药以后的事情了。

第一枚以火药作推力的火箭是宋代士兵出身的神卫队长唐福于公元1000年制造的。使用方法是：点燃竹筒内的火药，使其燃烧，产生推力，使火箭飞向敌阵，之后箭上所带的火药再次爆炸燃烧，杀伤敌人。

不久，冀州团练使石普也制成了火箭、火球等火器，并做了表演。

火药兵器在战场上的出现，预示着军事史上将发生一系列的变革。从使用冷兵器阶段向使用火器阶段过渡。火药应用于武器的最初形式，主要是利用火药的燃烧性能。随着火药和火药武器的发展，逐步过渡到利用火药的爆炸性能。

硝石、硫磺、木炭粉末混合而成的火药，被称为"黑火药"或者叫"褐色火药"。这种混合物极易燃烧，而且烧起来相当激烈。

如果火药在密闭的容器内燃烧就会发生爆炸。火药燃烧时能产生大量的气体和热量。原来体积很小的固体的火药，体积突然膨胀，猛增至几千倍，这时容器就会爆炸。这就是火药的爆炸原理。

利用火药燃烧和爆炸的性能可以制造各种各样的火器。北宋时使用的那些用途不同的火药兵器都是利用黑火药燃烧爆炸的原理制造的。蒺藜火球、毒药烟球是爆炸威力比较小的火器。至北宋末年，爆炸威力比较大的火器向"霹雳炮"、"震天雷"也出现了。这类火器主要是用于攻坚或守城。1126年，李纲守开封时，就是用霹雳炮击退金兵围攻的。

北宋与金的战争使火炮进一步得到改进，震天雷是一种铁火器，是铁壳类的爆炸性兵器。元军攻打金的南京时金兵守城时就用了这种武器。

《金史》对震天雷有这样的描述："火药发作，声如雷震，热力达半亩之上，人与牛皮皆碎并无迹，甲铁皆透"。这样的描述可能有一点夸张，但是这是对火药威力的一个真实写照。

火器的发展有赖于火药的研究和生产。曾公亮主编

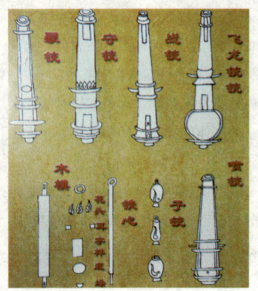

的《武经总要》是一部军事百科全书，书中记载的火药配方已经相当复杂，火器种类更是名目繁多。如蒺藜火球，敌人骑兵奔来的时候，就将火球抛在地上。马蹄被刺痛烧伤，马就狂蹦乱跳，骑兵就神慌手乱，以致人仰马翻，自相践踏。此时，我军乘机袭击，必可获胜。

又如铁火炮，火药中掺进细碎而有棱角的铁片，铁片借助火药巨大的爆炸力，四处迸射。这很像现代的手雷、手榴弹。

又如霹雳炮，10多层纸里面装上火药和石灰，火药爆炸，石灰飞扬，可以灼伤敌人的眼睛。

《武经总要》中记录了3个火药配方。火药中加入少量辅助性配料，是为了达到易燃、易爆、放毒和制造烟幕等效果。可见火药是在制造和使用过程中不断改进和发展的。

宋代由于战事不断，对火器的需求日益增加，宋神宗时设置了军器监，统管全国的军器制造。

史书上记载了当时的生产规模："同日出弩火药箭七千支，弓火药箭一万支，蒺藜炮三千支，皮火炮二万支"。

这些都促进了火药和火药兵器的发展。

南宋时期出现了管状火器，1132年陈规发明了火枪。火枪是由长竹竿做成，先把火药装在竹竿内，作战时点燃火药喷向敌军。陈规守安德时就用了"长竹竿火枪20余条"。

1259年，寿春地区有人制成了突火枪，突火枪是用粗竹筒作的，这种管状火器与火枪不同的是，火枪只能喷射火焰烧人，而突火枪内装有"子巢"，火药点燃后产生强大的气体压力，把"子巢"射出去。"子巢"就是原始的子弹。

突火枪开创了管状火器发射弹丸的先声。现代枪炮就是由管状火器逐步发展起来的。所以管状火器的发明是武器史上的又一大飞跃。

突火枪又被称为"突火筒"，可能它是由竹筒制造的而得此名。《永乐大典》所引的《行军须知》一书中说道，在宋代守城时曾用过火筒，用以杀伤登上城头的敌人。

至元明之际，这种用竹筒制造的原始管状火器改用铜或铁，铸成大炮，称为"火铳"。1332年的铜火铳，是世界上现存最早的有铭文的管状火器实物。

明代在作战火器方面，发明了多种"多发火箭"，如同时发射10支箭的"火弩流星箭"；发射32支箭的"一窝蜂"；最多可发射100支箭的"百虎齐奔箭"等。

明燕王朱棣，即后来的明成祖与建文帝战于白沟河，就曾使用了"　窝蜂"。这是世界上最早的多

火龙出水

发齐射火箭，堪称是现代多管火箭炮的鼻祖。

尤其值得提出的是，当时水战中使用的一种叫"火龙出水"的火器。据《武备志》记载，这种火器可以在距离水面三四尺高处飞行，远达两三千米。

这种火箭用竹木制成，在龙形的外壳上缚4支大"起火"，腹内藏数支小火箭，大"起火"点燃后推动箭体飞行，"如火龙出于水面。"火药燃尽后点燃腹内小火箭，从龙口射出。击中目标将使敌方"人船俱焚"。这是世界上最早的二级火箭。

另外，《武备志》还记载了"神火飞鸦"等具有一定爆炸和燃烧性能的雏形飞弹。"神火飞鸦"用细竹篾绵纸扎糊成乌鸦形，内装火药，由4支火箭推进。

它是世界上最早的多火药筒并联火箭，它与今天的大型捆绑式运载火箭的工作原理很相近。

拓展阅读

据史料记载，最早研制和使用管形火器的是宋代德安知府，即今湖北省安陆的陈规。这种管形火器用长竹竿做成，竹管当枪管。使用前先把火药装在竹筒内，交战中从尾后点火，以燃烧的火药喷向敌人，火药可喷出几丈远。

1132年，金军南侵，一群散兵游勇攻打德安城，陈规运用他发明的火枪组成一支60多人的火枪队，两三人操持一杆火枪，最终将敌人打得落花流水。

这种武器是世界军事史上最早的管形火器，陈规也被后人称为"现代管形火器的鼻祖"。